园林诗意

POÉTIQUE DES JARDINS

[法国] 让－皮埃尔·勒当岱克 著
张春彦 胡莲 陈阳 张绚 译

江苏凤凰美术出版社

图书在版编目（CIP）数据

园林诗意 / (法) 让·皮埃尔·勒当岱克著；张春彦等译. -- 南京：江苏凤凰美术出版社, 2023.1
ISBN 978-7-5741-0383-2

Ⅰ. ①园… Ⅱ. ①让… ②张… Ⅲ. ①园林设计－景观设计 Ⅳ. ①TU986.2

中国版本图书馆CIP数据核字(2022)第221355号

出版统筹 王林军
策划编辑 翟永梅
责任编辑 韩 冰
特邀编辑 翟永梅
装帧设计 姜宇淇
责任校对 王左佐
责任监印 唐 虎

书　　名 园林诗意
著　　者 ［法国］让-皮埃尔·勒当岱克
译　　者 张春彦 胡莲 陈阳 张绚
出版发行 江苏凤凰美术出版社（南京市湖南路1号 邮编：210009）
总 经 销 天津凤凰空间文化传媒有限公司
印　　刷 天津久佳雅创印刷有限公司
开　　本 710 mm × 1000 mm 1/16
印　　张 10
版　　次 2023年1月第1版 2023年1月第1次印刷
标准书号 ISBN 978-7-5741-0383-2
定　　价 69.80元

营销部电话 025-68155675 营销部地址 南京市湖南路1号

谨以此书献给米歇尔·巴里顿（Michel Baridon）[1]

① 译注：米歇尔·巴里顿（Michel Baridon，1926—2009），法国园林史学家，18 世纪园林景观历史研究专家。

前言

> 园林艺术中用以点缀土地多样性的素材（草地、花朵、灌木、乔木、流水、丘陵沟谷）与大自然为我们直观呈现的并没有什么不同，但却以另一种方式布局，并渗透了人的某些理念。
>
> ——康德《判断力批判》

30 多年前，园林艺术还远不像今天这样广受欢迎。园林仿佛已被城市规划中的“绿化”概念所取代，抑或似乎逐渐缩减为一种爱好。当然，贵族们和退休人员对此依旧满怀热情，但难免天真而过时。我们再也看不到园林作为艺术而存在，连一门小众的艺术也称不上，它只是一种实践，除了让自家房前屋后有繁盛的花草作为装饰之外，并没有别的意义，也不再作为景观环境用来保护某些被现代性割裂的文化遗产。但是时至今日，形势发生了逆转。几乎每天都有园林或景观设计的创意诞生，每天都有新书出版，每天都有关于园林艺术的展览活动举办。与此同时，各种植物博览会和园艺用品店如雨后春笋般涌现，表明这股热情并非一时兴起，而是在社会各个阶层中都有着深厚的根基。

为了尝试厘清这种现象的来龙去脉，在此我只阐述三点主要原因。首先是社会原因，在这个日益城市化的世界里，产生了回归“自然”的需求，想要填补这一空白。第二个原因与前者相近却无法相互替代：时至今日，人们逐渐意识到了生态系统所遭受的威胁，不仅仅影响了植物和动物种类的数量，还关系到整个生物圈的未来。要避免这场灾难，就要从“地球花园”的角度来思考和行动，找回吉尔·克莱蒙（Gilles Clément，1943—）所描绘的美丽画面。至于园林风尚卷土重来的第三点重要原因，则要追溯到对要求“理性主义”的现代城市规划的批判。这是在 20 世纪七八十年代间，全面介入各种空间设计的新一代建筑设计师和艺术工作者所倡导的。这才是最为关键的原因所在，至少与我的现状相关，因为正是这一点让一个正在消失的群体得以重现生机——园林设计师和景观设计师再一次作为真正的艺术家而被熟知。

伴随着这一复兴，有关园林和景观的历史与理论思考也取得了长足的进步，尤其是在法国，因为在其他国家，例如在英国，有关园林方面的发展从未间断过。因此，当我在 20 多年前与我妹妹德尼思（Denise）合著《法国花园小说》（*Le Roman des jardins de France*）时，我们所能找到的资料大多只是一鳞半爪，而且往往时日已久，其中主要部分可以追溯到欧内斯特·德·加奈（Ernest de Ganay，1880—1963）的孤本（加奈关于花园艺术的著作，一直存于装饰艺术图书馆，由现已不存在的 Editions de l'Imprimeur 出版社发行出版）或玛格丽特·沙拉雅（Marguerite Charageat，1894—1983）早至 20 世纪 50 年代的作品。诚然，在莫妮卡·莫瑟（Monique Mosser，1947—）、米歇尔·柯南（Michel Conan，1939—）、乔治·提苏（Georges Teyssot，1946—）、米歇尔·巴里顿（Michel Baridon，1926—2009）、米歇尔·拉辛（Michel Racine，1942—）等一众研究学者的推动下，新一代的研究也已经处于发展之中，然而其中大部分研究成果在那时尚未出版，影响力不是很大。

这种局面在法国这个拥有悠久园林历史和丰富文化遗产的国家，实在是不合常理。对于这种反常现象，存在着一种解释，而这种解释或许更加降低了园林艺术的价值：法国当地的文化机构和部门对这笔文化遗产并不感兴趣，认为这笔文化遗产不具备值得重视的价值，然而事实是他们没有充分理解和发挥其中的价值。一直到 20 世纪 80 年代，法国文化部方才主持编制了关于园林艺术的“清单”，并且根据这份清单出台了相应的保护和修复措施。而由于当时有关部门对园林艺术的漠不关心，各大高校、涉及相关学科（园艺、建筑、历史、美学、社会学、哲学等）的高等教育机构以及法国国家科学研究院（CNRS）对园林艺术的方方面面都未给予足够的重视。在这里，我们必须提到三项具有先驱意义的创举，正是由于这三项创举，园林艺术在法国才逐渐恢复元气。这三项创举皆诞生于激烈的“战斗”，我们应该向其致敬。这三项创举分别是：1979 年，法国凡尔赛国立高等景观学校在米歇尔·高哈汝（Michel

Corajoud，1937—2014）[①]所带领团队的推动下正式创建；1995年，贝尔纳·拉叙斯（Bernard Lassus，1929—）[②]推动设立了“园林、景观和地域”专业的高等深入研究文凭（DEA）；而莫妮卡·莫瑟[③]则设立了“历史园林”专业的高等专业学习文凭（DESS）。

这些创举很快生根发芽、开枝散叶，在国际上渐成气候。如果没有这些创举的推动，毫无疑问，本人不可能写成本书。举例来说，本书参阅的文献资料便是我在此学术圈20余年教学与研究中累积的成果。那么，为什么选择以主题的形式来展现这些成果呢？因为我希望脱离按历史时间顺序娓娓道来的类型化作品的框架，这类作品在如今显得太过普通，按关键词来谋篇布局让我得以更自由地阐述自己的看法，也为个人观点提供了更为广阔的拓展空间。

因此，本书通过一系列随笔文章对园林和景观艺术的若干基本概念进行了阐释和梳理。当然，对于这门博大精深、取之不竭的学科而言，这些基本概念只是让我们略见一斑，不可能穷尽其中的奥妙。

让-皮埃尔·勒当岱克

---

① 译注：法国景观师，凡尔赛国立高等景观学校教授，曾获得法国景观大奖、城市规划大奖及建筑学会银奖。

② 译注：法国景观师、造型艺术家，巴黎拉维莱特国立高等建筑学校教授，2009年获杰弗里·杰里科爵士奖（Sir Geoffrey Jellicoe Award）。

③ 译注：法国艺术史学家、法国国家科研中心工程师，18世纪建筑尤其是园林研究专家，曾获得法兰西学术院大奖。

目录

微缩天地

> 时间与空间在这片超然的静地合而为一，营造出超越人性的恢宏壮丽。
>
> ——让－雅克 · 卢梭《新爱洛依丝》

1967 年 3 月 14 日，在法国建筑研究会（Cercle d'études architecturales）主办的一场题为“异质空间”（Des espaces autres）的演讲上，哲学家米歇尔·福柯（Michel Foucault，1926—1984）提出了一个对生活和建筑空间具有决定性意义的概念。“异托邦拥有一种力量，”他解释道，“能够将本身并不相容的不同空间和不同场景叠加于同一个实际存在的场所……说起将相互矛盾的场景糅合在一起，异托邦最为古老的范例或许就是园林了。不要忘了，园林这一惊人的创造已有数千年的历史，在东方有着深刻且多层的内涵：波斯人的园林是一个神圣的空间，矩形的园林中汇聚了代表天地四方的四大部分，园林正中的部分比这四部分更为神圣，象征着世界的中心（水池和喷泉就在此处）；园林中的植物应当均衡地分布在空间中，排列的顺序也要对应天地万物。至于地毯，最早便是对园林的效仿（园林可以说是一张巨大的地毯，完美地容纳了世界万物的象征符号，而地毯则是一个能够穿越空间的活动园林）。”（图 1）福柯总结道：“园林是天地之间最小的一片土地，同时也包罗天地万象。园林，从古罗马时代起，便作为一种美好且具有普遍性的异托邦而存在着。”

图1　波斯地毯

图案表现了天堂中的四大河流，公元 800 年左右

“园林是天地之间最小的一片土地，同时也包罗天地万象。”还有谁对园林提出过比这更美妙的定义？米歇尔·福柯并未就此进一步展开阐释，他的时间都花在了图书馆、美国的校园、法兰西学院、酒吧和他自己位于沃日拉尔路（rue de Vaugirard）的禅意公寓中。但是福柯对于消逝的乐园不也怀有一腔乡愁吗？比如他母亲位于旺德夫勒迪普瓦图（Vendeuvre-du-Poitou）的“城堡”公园，抑或是他在突尼斯大学任教并写作《知识考古学》（*l'Archéologie du savoir*）时所居住的位于“蓝白小镇”西迪·布·赛义德（Sidi Bou Said）的那座盛开着茉莉、橙花、木槿花和三叶梅的花园。可以确信的是，这位哲学家非常理解什么才是园林的精髓。

当我们对古往今来世界各地的园林加以研究，试图找出其中的共性时，处处都可以看到福柯这种微缩天地“异托邦”的理念。

意大利在15世纪文艺复兴时期，出现了集各种具有神秘力量的珍稀植物在内并且分门别类布置的秘密花园（giardini segreti）。这其中便有微缩天地的概念——花园布局有意识地对应着亚里士多德甚至赫尔墨斯·特里斯墨吉斯忒斯（Hermes Trismegiste）[①]关于宇宙万物的概念，园中还装点着让人时常联想到伊甸园的各种动物。

文艺复兴时期，出现了根据伊拉斯谟（Erasmus，1466—1536）、库萨德尼古拉（Le Cusain或Nicolas de Cuse，1401—1464）、费辛（Ficin，1433—1499）和阿尔伯蒂（Alberti，1404—1472）等人的理念打造的“人文主义花园”。这其中便有新柏拉图学派所推崇的“记忆剧院”式的微缩天地，用《论有学问的无知》（*De docta ignorantia*）的作者库萨德尼古拉的话来解释：“人文主义气质的自然园林‘集天地之大成’，恰似一个‘小宇宙’般存在。”

---

① 译注：是古希腊神话中的神祇赫尔墨斯和古埃及神祇托特的综括。埃及进入希腊化时代后，古希腊人发现他们的神祇赫尔墨斯与埃及神祇托特完全相同，随后两位神祇就被合二为一，一起受到崇拜。

海德堡城堡花园始建于 17 世纪，由萨洛蒙·得·高斯（Salomon de Caus，1576—1626）设计，可以俯瞰内卡河的秀美风景，还拥有令人叹为观止的水利系统。这是一个属于玫瑰十字会[①]的“微缩天地”，充满了城堡主人选帝侯[②]所信奉的路德教象征元素，也是选帝侯这位大人物处处封地的象征。

伯纳特·贝利希（Bernard Palissy，约 1510—1589 或 1590）在著作《实谱》（*Recepte véritable*）中为舍农索城堡（Chenonceaux）改建而描绘的“欢娱园”，其中便是一个《圣经·诗篇》中的第 104 场景的再现，是具有胡格诺教派气质的微缩天地。

凡尔赛宫的花园便是一个以“太阳王”路易十四为中心的微缩天地。

阿尔贝·肯恩（Albert Kahn，1860—1940）在布洛涅 - 比扬古（Boulogne-Billancourt）设计的，集日式花园、法式花园、果园、玫瑰园、英式花园、象征阿特拉斯山脉的“蓝森林”和孚日山森林于一身的瑟拉姆园林（Selam），其中也有着微缩天地的思想，处处体现着其创造者对宇宙天地的信仰——这座园林的设计者阿尔贝·肯恩是一位金融家，也是《地球档案》（*Archives de la Planète*）的创作者，同时还是国际联盟的忠诚拥护者。

吉尔·克莱蒙在埃居宗（Eguzon）附近打造的山谷花园，便有着凝聚了其心血的“星球花园”式的微缩天地。这位堪称艺术家的工程师深知，在生态圈中不存在“有害的”植物，也没有天生就该被杀死的恶兽。他喜欢对植物出自天性的“动态性”因势利导，因此首选的便是那些被他称为“流浪儿”的植物。

在西方，诸如此类的将天地宇宙微缩其中的花园不胜枚举。下面让我们将目光转向东方，看看那里的情景。

---

① 译注：17 世纪初在德国创立的一个秘密会社。

② 译注：是德国历史上的一种特殊现象。这个词被用于指代那些拥有选举“罗马人的皇帝”权利的诸侯，即德意志诸侯中有权选举神圣罗马帝国皇帝的诸侯。

古代中国人和日本人虽然并不像米歇尔·福柯记载的波斯人那样，热衷于在地毯式的花园中进行象征世界完美性的对称布局，但他们同样致力于在园林中表现微缩的关于宇宙天地的观念：传统儒家、道家思想中的山水哲学。古人也会在园林中打造人工池塘，根据环境或风情（fuzei）[①]布置精心遴选的石头；他们还会利用凿池余出的土石，在地上搭起木制构架，堆叠出精巧的“山丘”——这些微型山丘上本身也留有孔洞，使得溪水顺势而下；再栽种上竹木花草，品种、色彩、香气都要做到在不同的季节中相得益彰。为此，园林设计师创造出了各种因地制宜的亭台楼阁，有些为炎热的夏季而设，有些则适合寒冷的冬季，有些专用于冥想，有些则是为了享受酒色佳肴——这类点缀式小型建筑的位置、朝向和布局都极其丰富多样。

东方世界的瑰丽让18世纪到访的欧洲来客目瞪口呆，然而时至今日，中国在园林方面仅在苏州保存得相对完好，其他地方都不是十分完整。中国的专家们，例如天津大学的王其亨教授，一直致力于园林的重现、修复工作（北京的北海公园、故宫、颐和园等），追溯园林设计的源流及整理、出版园林设计者的档案（特别是主持清朝皇室园林设计的“样式雷”家族的资料）。中国的古代园林或在特殊时期遭到遗弃、损毁，或像第二次鸦片战争时期（1856—1860）遭到英法联军蹂躏的圆明园一样被破坏殆尽。由此，我们只能满足于文字和图画的描述。而为我们留下这些文献资料的，是18世纪艺术文化领域最为杰出的人物们，英国建筑师威廉·钱伯斯（William Chambers，1723—1796）便是其中之一。

威廉·钱伯斯是一位游历四海的艺术家，在英国国王乔治三世还是威尔士亲王时，便为其担任主管建筑师。他博采众长，集启蒙时代下欧洲的多重气质于一身。钱伯斯出生在瑞典，父亲是苏格兰人，他早年在英国接受教育，后跟随瑞典东印度公司进行了九年的航行游历。他在游历中积累了大量的笔记和手绘图稿，跟随航船抵达过广东沿海。在那里，

① 译注：日语，指某地的风俗、文化、风土人情。

他走访了数座园林（他还详细地写道，与他所闻所见的皇家园林相比，这些园林“非常之小”）。1749 年，钱伯斯在巴黎安顿下来后，进修了雅克 - 弗朗索瓦·布隆代尔（Jacques-François Blondel，1705—1774）的建筑课程，与怀勒（Charles De Wailly，1730—1798）、米克（Richard Mique，1728—1794）和佩雷（Marie-Joseph Peyre，1730—1785）等人是同窗。之后，他前往罗马，加入了一个由欧洲各地建筑师和艺术家组成的团体，这个团体致力于在启蒙时代理性主义思潮的指导下建立起“古典主义”的艺术原则。然而，钱伯斯认为，回归古希腊古罗马时代并不是他们唯一的特色：与某些主张将帕拉迪奥（Palladio）和米开朗琪罗（Michel-Ange）弃之不顾的成员相反，钱伯斯始终保持着对意大利文艺复兴的兴趣，对自己在中国所见的家具、建筑及园林中的巴洛克风格深深着迷。他回到英国不久，便出版了《民用建筑概述》（*Treatise on Civil Architecture*，1759），站在布雷（Étienne-Louis Boullée，1728—1799）、勒杜（Claude-Nicolas Ledoux，1736—1806）和亚当兄弟（frères Adam）一边为古典主义辩护。而在这本书之前，他还出版了另一部风格完全不同、配有精彩插图的杰出著作：《中国建筑设计》（*Designs of Chinese Buildings*，1757）。之后于 1772 年出版的《东方造园艺术泛论》（*Dissertation on Oriental Gardening*）引起了巨大反响，其法文版最近才刚刚再版。不过在此之前，钱伯斯为威尔士亲王的遗孀设计、修造了丘园，这是一座汇聚了各种风格的混搭园林，包括罗曼式拱门、古希腊式神庙，还有声名远扬的中式多层宝塔。在钱伯斯生命的最后阶段，被任命为宫廷建筑总监的他自 1776 年起，主持修建了萨默塞特宫，这座位于伦敦的代表性杰作为他带来了国际范围内的认可和盛名。

从流派的角度来看，钱伯斯并非纯粹的古典主义（或新古典主义）者。对于这位建筑师而言，启蒙时代的精神内核所要求的，与其说是回归到古罗马时代的一丝不苟，倒不如说是开放胸怀、拥抱世界的多样性。因此，钱伯斯不能忍受制式化的一成不变，不能忍受对理想化英式乡村田园的照搬模仿——这正是 18 世纪最负盛名的英国景观设计师兰斯洛特·布朗（也被称为“万能布朗”）（Lancelot “Capability” Brown，1716—1783）从1750年开始在所谓的“英国式”园林中所做的。面对大胆在斯陀园（Stowe）和罗夏姆园（Rousham）中装点古埃及式、古希腊古罗马式、哥特式和中国式等各色点缀性建筑的威廉·肯特（William Kent，1686—1748），布朗不惜与这位前辈决裂。钱伯斯恰恰无法忍受这样的风格，他以尖刻的口吻写道：“在一个国家里，如果园艺设计师这份职业只意味着设计曲折的小道，挖洞凿沟，刨土给鼹鼠做窝，到处栽上灌木，养护一成不变的草坪、花簇和灌木丛，而它们的品种就像钟楼永远只能有三座钟一样，那么在这样的国家，艺术家们发挥个人才华的空间实在是十分有限。”在这段猛烈抨击的最后，钱伯斯表达了对诗意和想象力的呼唤：“但是，当人们想要创造出更好的风格时，当园林呈现出取其精华、去其糟粕的大自然，风格新颖而不做作，布局非同寻常却不荒诞离谱时，当人们打造园林的目的是给予观赏者大自然般的美，吸引观赏者的注意，激发起观赏者的好奇心……以丰富多样且有冲击力的感官印象直击观赏者的灵魂时，才华便显得十分有必要了。”

才华，这正是卡蒙泰勒（Carmontelle）取之不竭的宝藏。路易·卡罗日（Louis Carrogis，1717—1806），也就是卡蒙泰勒，身兼画家、雕刻师、剧作家、节庆活动组织导演、服装设计师等多重身份，同时也是一位发明家，他设计了一台机器。这台机器可以滚动展示风景图画的“透明纸”卷轴，用中国宣纸绘制的卷轴长度有时能达到十数米，使用机器滚动卷轴，便会呈现出走马灯式的活动全景画。

这位什么都爱琢磨的艺术家出身平平（父亲是修鞋匠），在他身上集中了启蒙运动时期巴黎狄德罗派的所有特点：他是一名艺术家，属于百科全书派，同时也是一位热衷于上流社会生活的风流浪子，与狄德罗（Denis Diderot，1713—1784）笔下“拉摩的侄儿”如出一辙。因此，在当时法国已经蔚然成风的“英中式”潮流之下，钱伯斯的理念依然能够成为卡蒙泰勒所奉行的信条，这一点并非偶然。同样，18世纪70年代后期，卡蒙泰勒在为菲利普·奥尔良公爵设计的位于蒙梭平原的查特勒宅邸花园（folie de Chartres）[1]中，创造了一个充满奇幻色彩的“世界剧场”，一个娱乐意义大于建筑意义的意象世界（imago mundi）：“如果我们有能力将田园风格的花园打造成充满幻想的国度，那为什么不呢？”这便是他在1779年的《蒙梭公园》（*Jardin de Monceau*）一书的内容简介中，对英式造园手法的提倡者所做的回答。作为拉莫（Rameau）[2]所表现的夸张异域风情的爱好者，卡蒙泰勒在拉莫的《殷勤的印第安人》（*Les Indes galantes*）中还补充道：“让我们将歌剧舞台搬到自己的花园里吧，在自己的花园里身临其境地观赏堪比最具匠心的画家创作的装饰画，能够穿越所有时代，跨越所有空间。”

“幻想的国度”“所有时代，所有空间”，正是《蒙梭公园》书中的插图所呈现的。更妙的是，还有一幅花园的特写，画面中出现了卡蒙泰勒本人，他正在向奥尔良公爵奉上查特勒宅邸花园的钥匙；随之一同出现的，是会被严肃认真的人批判为一片混乱的搭配，有荷兰式的风车磨坊、意大利式的葡萄园、梯级尚存的城堡废墟、简朴的农场、连接着水车的桥、蒙古包、阿拉伯清真尖塔、崭新或已经损毁的古希腊古罗马式神庙、满布着古埃及式陵墓的墓园，以及一个用于排演海战剧的水池，水池中心的小岛上竖立着一座方尖碑，碑上刻有希罗多德时代的埃及文字，还有一座设有磨盘和宝塔的中国园林，它们的影像能够在让-雅克·勒科（Jean-Jacques Lequeu，1757—1826）为我们留下的一幅几乎“未加改动”的图稿上可见。

这个杂糅了诸多元素的微缩天地是当时英中式风格的集中展示。英中式园林中著名的园林还有雷兹沙漠公园（Désert de Retz），这座公园的图稿由勒·鲁热（Georges Louis Le Rouge，1707—1790）收录在其卓越的著作《园林风尚录》（*Cahier des jardins à la mode*）中。在卡蒙泰勒心中，这座公园也对布朗的造园方式提出针锋相对的挑战，他在《蒙梭

---

① 译注：查特勒宅邸花园（folie de Chartres）后期规划演变为蒙梭公园。

② 译注：拉莫（Jean-Philippe Rameau，1683—1764）是法国著名的作曲家、管风琴家、音乐理论家。

公园》一书的内容简介中尖锐地评论道："田园应该让我们感到愉悦……人们花费心思来取悦女人，是因为她们才能为社会带来快乐。但和英国人不同，我们不像他们那样任由女人们自娱自乐，而是全心为她们着想，不过要让女人们去园中散步却是一件难事。"又如，"如果说是英国的雾气才将草皮保养得如此新鲜悦目，那么要在法国追求同样的效果岂不是徒劳？……此外，使用过度广阔的绿色，整体感觉单调且缺乏变化，会让我们的灵魂感到悲伤，我们的灵魂只想要愉悦、生动、欢快的景象。"

查特勒公爵（即奥尔良公爵）恰好是一位狂热的英伦风格爱好者，这对卡蒙泰勒而言是个不幸的消息。待到扩建查特勒宅邸花园时，公爵便借机将修整"世界剧场"的重任托付给了苏格兰园林设计师威廉·布莱基（William Blaikie，1750—1838）。作为布朗造园方式的追随者和杰出的植物学家，布莱基将这片在他眼中不伦不类、杂乱堆砌的花园进行修整，重新栽种植物，粉刷一新。

简而言之，这个歌剧式的充满想象力的微缩人造天地"幻想的国度"，就是卡蒙泰勒创造的豪华宅邸花园。但在经过法兰西第二帝国（1852—1870）风景式的资产阶级风格"得体"的重新规划之后，我们今天已经很难在公园里找到当年卡蒙泰勒所打造的梦幻的痕迹。如今剩下的只有当年的残迹——格格不入的海战剧水池、孤零零的金字塔……与之相伴的是假山、草坪、珍稀树木、有鸭子嬉游的池塘、被人铭记或遗忘的"大人物"的雕像，美好年代懵懂天真的姑娘也早已被推着摇篮车结伴而行的年轻母亲取代。

下面我们要说的风景式风格本身便是在微缩天地的基础上构建起来的，因为模仿天然风光要求汇聚自然界的种种元素，就像巴黎的肖蒙山丘公园（parc des Buttes-Chaumont），集中了 19 世纪下半叶最受欢迎的自然主题。这里是巴黎城中漫步林荫道的代表之作，起初它只是一片地形崎岖的工业荒地，过去曾经是石膏采石场，废弃后只有凿石工和社会边缘人才会涉足此地。法兰西第二帝国将贝尔维尔（Belleville）小镇也纳入巴黎的区划，镇上的作坊、臭气熏天的工厂、空地和风车都成为巴黎的一部分，但同时始终对聚居在贝尔维尔的工人抱有戒心，时时防备着他们发起暴动。因此，在统治阶级眼中，在此处修造大型公园可谓一举多得：首先，改善卫生状况，净化旧采石场留下的场地；其次，促进城市化，拿破仑三世决定推行“美化运动”并出台了地域平衡的政策，根据这项政策，巴黎东区计划在市区内建造一座公园，与奢华的蒙梭公园分庭抗礼，就像万森讷森林（bois de Vincennes）和布洛涅森林（bois de Boulogne）遥遥相对一样；再次，增加财政收入，公园周边地区的土地在当时基本卖不出好价钱，而公园建成之后能够大幅拉动周边房地产的价格；最后是政治方面的考虑，修建公园会吸引人口流入，改变这一地区的人口结构，新迁入的居民拥护政府的程度、经济条件和社会地位都会相对好一些，能够牵制原有的“危险分子阶级”在这片地区的主导地位。

1867 年世界博览会的举办为实现这一计划提供了契机。法兰西第二帝国期望借机淋漓尽致地展现自身的经济实力和对“首都之都”的美化成果，一举惊艳全世界。奥斯曼（Haussman，1809—1891）决定在荒地上修建一座美妙绝伦的公园，以此作为这一盛会的亮点之一。在巴黎林荫道管理部部长阿勒方（Alphand，1817—1891）的领导下，组建起了一支经历过多项工程磨炼的独一无二的技师队伍。队伍中集结了负责水网、交通网和路桥工程的工程师达赛尔（Darcel，1823—1906），负责小型装饰建筑的建筑师达维乌（Davioud，1824—1881）以及园艺师让 - 皮埃尔 · 巴里耶 - 德尚（Jean-Pierre Barillet-Deschamps，1824—1873），后者在爱德华 · 安德烈（Edouard André，1840—1911）的协助下完成了公园整体平面图的绘制及植栽布局的设计。

巴里耶的徒弟总是将巴里耶与勒 · 诺特（Le Nôtre，1613—1700）相提并论，他过于短暂的生命值得在此一叙。巴里耶是图尔地区一位农民的儿子，曾经受到梅特莱儿童教养院院长的赏识，在教养院担任训导员（让·热内[①]在一个世纪之后也领教了其中的滋味）。好心肠的院长十分欣赏巴里耶在园艺方面的天赋，在巴黎国家历史博物馆为他谋得了一份工作。后来，巴里耶成为一名出色的植物学家，在波尔多搭建了一块苗圃。也正是在那里，他被自 1832 年起便在波尔多负责路桥工程的工程师阿勒方发现。在那场引发了 1852 年政变的大选中，未来的拿破仑三世在波尔多受到了时任省长奥斯曼的接待。接待拿破仑三世的现场需要鲜花装点，奥斯曼将这个任务交给了阿勒方，阿勒方又将具体的执行工作交由巴里耶负责。“美妙绝伦！”“王公总统”拿破仑三世对此赞叹不已，他对园林艺术的品位是在流亡伦敦时期逐渐形成的。这次设计成功开启了一个时代。奥斯曼在成为巴黎地区行政长官后，便任命阿勒方为林荫道管理部部长；随后，阿勒方利用了时任城市首席园艺师，也是一位出色的技师的瓦雷（Varé，1803—1883），在布洛涅森林瀑布供水系统上所犯的一处错误，趁机解雇了他，让巴里耶取而代之。奥斯曼、阿勒方、巴里耶的三人组大获成功，至少一直到肖蒙山丘公园竣工，在巴里耶 - 德尚（他在这段时间里给自己取的名字）离开之前都十分成功。巴里耶是渴望自立门户，还是想要与不承认自己成就的领导决裂呢？总之，他离开巴黎后，主持了维也纳普拉特公园的翻新工程，设计建造了都灵的林荫大道。后来，一位后辈让 - 克劳德 - 尼古拉斯·福雷斯蒂尔（Jean Claude Nicolas Forestier，1861—1930）所说的“甜橙气候”让巴里耶着迷，因此他接受了君士坦丁堡城墙纪念碑的项目。但这一次他的运气不好，刚刚在君士坦丁堡和开罗设计了几座大型公园，他就得了重病。1871 年，他回到法国维希养病，不久之后便去世了。

---

① 译注：让·热内（Jean Genet，1910—1986），法国当代著名小说家、剧作家、诗人、评论家、社会活动家。

言归正传，让我们回到肖蒙山丘公园上来。公园规划利用了地形，借助铁路发展的优势，集中了各色最时髦的景色，铁路连通吊桥和隧道，隧道里驶来冒着蒸汽的机车“小皮带号”，这些在当时可是难得一见的奇景。这里有来自塞纳河和马恩河畔的“田园片段”；有莫泊桑念念不忘的科城（Pays de Caux）悬崖景观；有阿尔卑斯山和汝拉山的山地风光，潺潺的流水流淌在微型草坪上，瀑布从石洞间飞流而下，发出湍急的声响；还有文化景观——皮提亚神庙遗址，让人想起意大利古代的高塔，里面有一条地下通道，可以抵达《神秘岛》（*L'Île mystérieuse*）[①]中描绘的所在。所有这一切构成了一处微缩天地，兼具佩里雄先生（Monsieur Perrichon）的世界[②]和儒勒·凡尔纳（Jules Verne）[③]的《奇异之旅》（*Voyages extraordinaires*）中所描绘的世界的特点。

这一场时代的幻梦也好景不长。在当时强大的国家体制之下，银行家唯利是图，工程师奉行圣西门主义，唯科学主义被奥麦（Homais）[④]之辈把持着，到处都是如《布瓦尔与佩居谢》（*Bouvard et Pécuchet*）[⑤]里主人公那样的愚钝之人，还有巴黎的神秘光辉和奥芬巴赫（Offenbach）[⑥]的疯狂，所有这些都催生了超现实主义的盛行。在十数年之后，

---

① 译注：儒勒·凡尔纳的小说。

② 译注：此处指《佩里雄先生的旅行》（*Le Voyage de Monsieur Perrichon*）一书中所描述的世界。《佩里雄先生的旅行》为法国喜剧小说，讲述1860年佩里雄先生和夫人及女儿第一次坐火车旅行的故事。

③ 译注：儒勒·凡尔纳（Jules Verne，1828—1905），法国小说家、剧作家、诗人，现代科幻小说的重要开创者之一。因其大量的著作和突出的贡献，被誉为“科幻小说之父”。

④ 译注：福楼拜的小说《包法利夫人》中的药剂师，是那个时代市民社会的代表人物，打着科学的名号，趋炎附势。

⑤ 译注：福楼拜的遗作，因为未能完成而长期被文学界忽视。两个主人公是人类愚蠢和无知的典型。福楼拜1879年为小说拟定的副标题即为“人类愚蠢的百科全书”。

⑥ 译注：指雅克·奥芬巴赫（Jacques Offenbach，1819—1880），德裔法国作曲家。法国轻歌剧的奠基人和杰出代表。他面向大众，把舞台剧的传统、喜歌剧的形式、巴黎林荫道的活报演出与城市民谣相结合。

阿拉贡（Aragon）[①]及其同仁安德烈·布勒东（André Breton）[②]、马塞尔·诺勒（Marcel Noll）等人在一次夜游时，公园里的喷壶让他们着迷，阿拉贡在《巴黎的农民》（*Le Paysan de Paris*）一书中记载了这一次夜游（之所以可以夜里游访，是因为当时公园里有 24 小时对外开放的道路）。

在我们这个时代，花园中的微缩天地是什么样呢？富有艺术气质的景观设计师贝尔纳·拉叙斯指出，“民间景观设计师们”在自家后院的小型花园里还原了一个个能够展现一生经历的小世界：有微缩的卢瓦尔河谷城堡群，有环法自行车赛中的旅行挂车，还有白雪公主的童话世界……在荷兰城市海伦芬（Heerenveen），景观设计师路易-纪尧姆·勒·罗伊（Louis-Guillaume Le Roy）[③]依照自己贯彻到底的生态主义信仰打造了一片天地（之所以说贯彻到底，是因为他完全任由花园按其自然本性自由地生长发展）；吉尔·克莱蒙在他的“谷地花园”[④]里所创造的也是洋溢着个人色彩的微缩天地，非常巧妙，而非“天然”。某些刻板的思想体系很少接纳这种巧妙，他们更喜欢小斯巴达（Little Sparta）地区的苏格兰风格石径（Stonypath），比如伊恩·汉密尔顿·芬利（Ian Hamilton Finlay）[⑤]的作品。芬利是位反权势艺术家，这一称谓在他于 2002 年被授予大英帝国荣誉勋位后被逐渐淡忘。

这里我们所面对的，是富有诗意、充满个人理论色彩的微缩天地，

---

① 译注：路易·阿拉贡（Louis Aragon，1897—1982），法国诗人、作家、政治活动家。年轻时学医，1920 年弃医从文，成为超现实主义作家。1930 年访苏归来后成为共产党人，文学创作风格转向社会主义现实主义。后成为共产党文艺周刊《法兰西文艺报》的主编。

② 译注：安德烈·布勒东（1896—1966），法国诗人和评论家，超现实主义的创始人之一。他和其他超现实主义者一样，追求自由想象，崇尚摆脱传统美学的束缚，提倡将梦幻和冲动引入日常生活，以创造一种新的现实。

③ 译注：路易-纪尧姆·勒·罗伊（1924—2012），荷兰景观艺术家。

④ 译注：指其在自己家乡居住地的山谷中建造的花园，在这一荒地花园里，多种类型的植物自然竞争生长。

⑤ 译注：伊恩·汉密尔顿·芬利（1925—2006），苏格兰诗人、作家、艺术家和园艺家。

就像 18 世纪学识渊博的贵族所设计的园林景观一样，是个人情趣的体现。大人物的作品往往占地面积比较大，例如威廉·申斯通（William Shenstone，1714—1763）或吉拉丹侯爵（marquis de Girardin，1735—1808），后者便是卢梭逝世之地埃默农维尔（Ermenonville）花园的设计者，同时还著有关于园林艺术的专论《景观构成》（*De la composition des paysages*）。这些名家通过包括寓意建筑、碑刻和铭文在内的一系列场景展现了自己的哲学理念，这一特点在芬利的小斯巴达花园中也得以再现（图 2）。

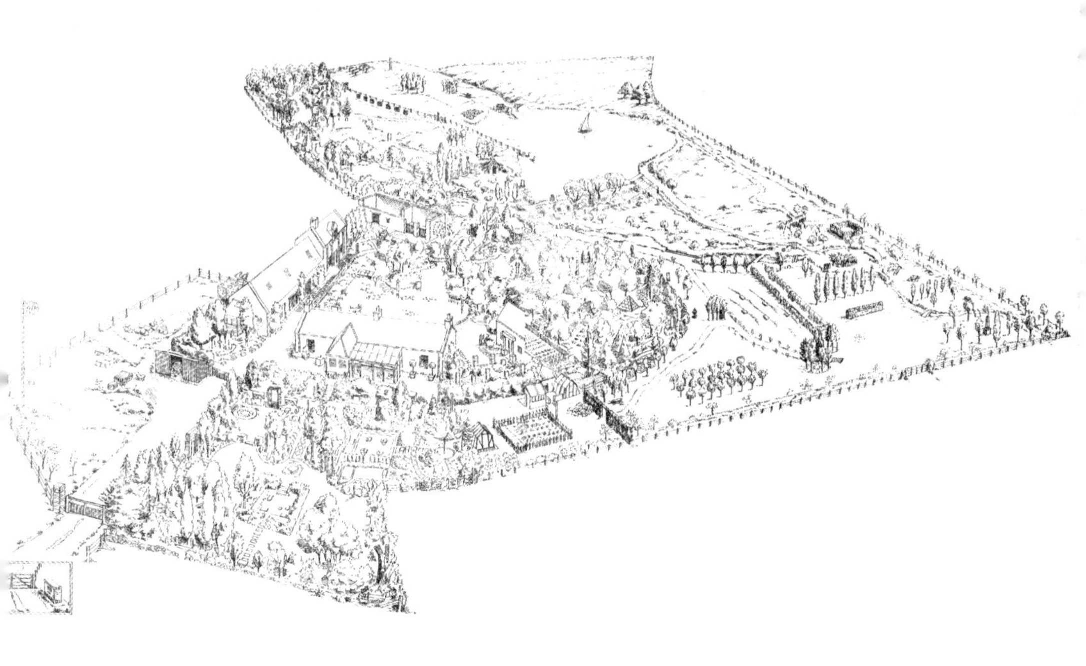

图 2　小斯巴达花园平面

伊恩·汉密尔顿·芬利设计的庄园，加里·辛克斯（Gary Hincks）绘制，2010 年小斯巴达景观花园的前身是一片水潭星罗棋布的泥炭荒原，地势起伏很小，中间围着一片废弃的农场，位置处于南方高地，距离爱丁堡约 50 千米。1966 年秋天，身无分文的芬利带着妻子苏、三岁的儿子艾克和襁褓中的小女儿艾丽来到这里，买下了唯一一栋没有倒塌的建筑——老橡树旁的一栋石屋。“在此处定居之前，我们住在一幢破旧不堪的房子里，除了下雨的时候，连供水也没有。”芬利后来如此解释道。用他自己的话说，他的生活始终“由审美来指引方向”。“所以这一次，苏选中了这个地方。她说，这附近就是一条小河，这可实用多了，特别是在给艾丽洗尿布的时候。”

第二次世界大战期间，芬利在对德战争中获得了中士军衔，战后被派往奥克尼群岛牧羊。在那里，他展现出盛放的想象力，就像文森特·明奈利（Vincente Minelli，1903—1986）在歌舞剧《蓬岛仙舞》（Brigadoon）中那样，将赫布里底群岛的村庄装点得永远春意盎然。他幻想着自己是“阿卡迪亚的牧羊人”[①]。他自学哲学和历史，如饥似渴地从《格拉斯哥先驱报》和 BBC 中获取知识，自己创办了一份实验性的诗歌类报刊，名为《穷，老，累，马》（*Poor. Old. Tired. Horse*），刊登自己创作的“单字诗”，试图从中找到一种足以与日本俳句相媲美的真实性与直接性。

年近 40 岁，芬利已经举办了好几场展览，但除了“达达主义者”的名号之外，并没有给他带来什么好处。也正是在那时，他遇见了比他年轻十五岁的苏，最终和妻儿一起来到石径安顿下来。这块贫瘠而多雨的土地在他和妻子的精心雕琢之下改头换面，摇身一变，成为艺术作品。

芬利重新修缮了几间房屋，将其中一间改造为村舍，另一间改造为展示自己雕塑作品的展览“殿堂”。他没有事先绘制整体平面图（“绘制图纸是要花钱的”他说，“花园并不是一个不变的对象，而是一个发

---

① 译注：《阿卡迪亚的牧羊人》是 17 世纪法国画家尼古拉斯·普桑（Nicolas Poussin，1594—1665）的重要代表作之一。“阿卡迪亚”在西方传说中是一个世外桃源式的乐土，在这样一处风景优美的地方，画的主体却是一块墓碑，其上有死神写的“我也在阿卡迪亚”。

展的过程”），事实上，他并不是在园艺化（他说植物“对我的意义主要是可以充当布置石头和其他物件的框架”），而是在风景化他的土地。

芬利的生平使他看起来仿佛是古典时期富有艺术和哲学气质的园艺师的重生转世，他为自己的微缩天地精心设置了范式：石头上镌刻着拉丁文名言、神话故事的隐喻（古罗马花园、伊壁鸠鲁花园、拉丁之海[1]）及对艺术家 [维吉尔（Virgile）、普桑（Poussin）、卡斯帕·大卫·弗里德里希（Caspar David Friedrich）等] 和思想家 [用一座“玉丽花园”（Jardin de Julie）代表卢梭，用一座石碑象征黑格尔等] 的致敬。

在芬利看来，启蒙思想中的道德、美学和政治观念，尤其是法国大革命中雅各宾派的理念——他特地为圣茹斯特（Saint-Just）竖立了一根纪念柱——被商业社会的不公正、腐败现象及生态意识的缺失摧毁大半。他认为，作为一名评判精神无尽无休的艺术家，他的园林必须成为一处“主动抵抗”世风日下的场所。因此，他将自己的园林设计成时刻准备“应战”的模样（一座象征战争的核潜艇指挥塔造型的石碑，竖立在命名为洛山艾克的池塘边），而后来针对他的思想的论战也的确从未休止。

1983 年 2 月 4 日，“小斯巴达之战”爆发。在成群结队的记者面前，对战双方是来自全英国的“圣茹斯特的保护者们”（大部分是艺术家和评论家）与一位试图扣押三座山林仙女像的“执法员”，后者凭着一纸文书，要求芬利用来展出自己和朋友们的作品的展览“殿堂”必须按画廊的标准交税。这是一场值得纪念的幽默“战斗”（执法员在改造成检录口的入口处就与装甲车的微型复制品正面交锋！），但沟通过程是激烈的，最后的结局是圣茹斯特的保护者们举手投降，可执法员没有找到藏在附近森林里的雕像，只好无功而返。

这场“战斗”汇聚了芬利作品特色的精髓：花园是“新一轮革命雅各宾俱乐部”的活动场所；花园是动真格的战场而不是平静的“避难所”；

---

① 译注：拉丁之海（mare nostrum），即地中海。

生态学是世俗化的自然哲学主义；花园是隐喻的阵地（池塘被视为大海的象征，鸟食盆好似航空母舰……），与布朗“水便是水，草便是草”的设计理念恰好相反。最能说明问题的，是从其著作《申斯通园林艺术择趣》（*More Detached Sentences on Gardening in the Manner of Shenstone*）中采撷的这句格言警句：“人造园林让今天的我们大为惊讶，因为它们看起来毫无人工的痕迹，时间将它们打造得宛如浑然天成。”

如此富有诗意的创造精神原本能够避免误入歧途。然而，在小斯巴达一战后，芬利对新古典主义的热情使他在意识形态上偏离了正轨，行为举止也变得可疑起来。法国大革命两百周年纪念之际，他并不满足于仅仅靠绘画、诗歌和凡尔赛宫工程来纪念恐怖时期绞刑架所创下的功绩，这位园艺师兼艺术家开始设计好大喜功的浮夸工程，试图通过希特勒的私人建筑师阿尔贝特·施佩尔（Albert Speer，1905—1981）为“千年帝国”所设计的项目重现古罗马帝国的奢华。他先后创设了《重返第三帝国》（The Third Reich Revisited）系列和《施佩尔工程》（Speer Project）系列。此外，这种对极权意识形态的迷恋常以力量的象征作为装点，同时处处都装饰着极具象征意味的 SS 缩写和纳粹十字符号。此番行径再次引发了一场论战，发起人之一便是《艺术杂志》（*Art Press*）的主编凯瑟琳·米勒（Catherine Millet，1948—）。芬利的朋友们为他辩护，坚称这些创作并无深意，牵强附会则会破坏作品的艺术性。但这些辩护言论很快便溃不成军，芬利不得不隐退，回到自己的庄园里，伤痕累累却始终创意十足。

我们现有的芬利的最后一张照片来自摄影师布鲁诺·苏艾（Bruno Suet），画面中呈现的是一位老人疲惫的面容，以及乱糟糟的眉毛和胡子。镜头焦点准确地捕捉到了他痛苦的眼神，其中的痛楚与雕塑“恐怖主义太阳神”遥相呼应。小斯巴达花园中的灌木丛下，太阳神金色的脸庞上也散发出类似的痛楚。初看之下，金色的阳光宛如带着讽刺意味，事实上，焦虑侵蚀着整张面孔。

这迷茫的眼神似乎在说，如果一个人，想要像被芬利视为楷模的那些思想家和艺术家一样，雄心勃勃地打算从一片混沌中“建立起秩序”的话，那么这个人怎么可能有闲暇安歇呢？

本章参考文献

注：部分文献虽在本书多个章节引用，但只列出一次。

[1] ABRIOUX, Yves, et BANN, Stephen, *Ian Hamilton Finlay: A Visual Primer*, Reaktion Books, Londres, 1985 et 1994.

[2] ALPHAND, Adolphe, *Les Promenades de Paris* (1867), rééd. Connaissance et Mémoire, Paris, 2002.

[3] BALTRUSAITIS, Jurgis, "Jardins, pays d'illusion" in *Jardins en France* 1760-1820, catalogue d'exposition, Paris, 1978.

[4] CARROGIS, Louis, dit Carmontelle, *Le Jardin de Monceau*, Paris, 1779.

[5] FOUCAULT, Michel, *Dits et écrits*, t.I, textes rassemblés par Daniel Defert et Françoise Ewald, Gallimard, Paris, 2004.

[6] HUNT, John Dixon, *Nature Over Again:The Garden Art of Ian Hamilton Finlay*, Reaktion Books, Londres, 2008.

[7] LEROUGE, Georges-Louis, *Cahiers: Les Jardins à la mode et les Jardins anglo-chinois* (1776—1789), rééd. Connaissance et Mémoire, Paris, 2006.

[8] LIMIDO, Luisa, *L'Art des jardins sous le Second Empire. Jean-Pierre Barillet-Deschamps* (1824—1873), Champ Vallon, Seyssel, 2002.

[9] MOSSER, Monique, et TEYSSOT, Georges (sous la dir. de), *Histoire des jardins*, Flammarion, Paris, 1991.

[10] PALISSY, Bernard, *Recepte véritable*, in *Œuvre complètes*, avec notice d'Anatole France, Paris, 1880.

[11] RACINE, Michel (sous la dir. de), *Créateur de jardins et de paysages*, 2 vol., Arles, 2001 et 2002.

[12] SHELLER, Jesse, SHELLER, Jessie, et LAWSON, Andrew (photographe), *Little Sparta: The Garden of Ian Hamilton Finlay*, Frances Lincoln, Londres, 2003.

[13] SUET, Bruno (avec des textes de Catherine Schidlowski), *Jardiniers*, Marval, Paris, 2007.

围墙

> 这便是为什么，我将围墙的废除称为一大步，决定性的一大步。当他（威廉·肯特）跨越了围墙，放眼望去，整个自然皆是园林。
>
> ——霍勒斯·沃波尔（Horace Walpole，1717—1797）
>
> 《论现代园林艺术》（1770）

隐垣来了！说到这里，这又是法国与英国之间的一道不可逾越的鸿沟。

干沟或狼壕（saut-de-loup）这种设计出现之后，视线内的围墙便消失了，难以跨越的壕沟取而代之成为守护园林的边界。在这种设计出现之前，没有任何争议，在任何一片天空下都没有。在英国，根据霍勒斯·沃波尔的论断，沟壑的出现解放了建筑师威廉·肯特的设计思路，让他放眼望去，目光所及之处，“整个自然皆是园林”。到此也没有任何争议。我要强调的是：围墙和门扉是园林的构成要素。不论是巴比伦的空中花园还是古代中国的园林，不论是古罗马的花园还是文艺复兴时期的欧洲园林，围墙和门扉都是园林的构成要素，使之与外界相隔绝，圈出景观的范围。今天的人们或许会说，这只是为了谨慎起见的防范措施。但它们同时也是物理上和象征意义上的分界线。创造一座花园，便是将空间进行分隔：将内部和外部明确切分开来。

这一内部空间通常与住宅相连——显然，不包括工人花园（jardin ouvrier）[①]。“我来到自家花园里”，歌里这样唱道。确实，人们在园林里面对的是四周封闭却有着开放天空的空间，作为住宅的外延，园林自然也是私人的，甚至是私密的空间。这样的园地不是随意选择的，而是取决于土地的条件、场地设计的立意和水源的位置等多方因素。选定之后，便要进行清理，保护其不受有害因素的侵扰。

---

① 译注：也可写作 jardins familiaux，于 19 世纪末在法国出现，是由政府提供给居民的小片土地，经常用来种植蔬菜以改善生活。这一名词在法国一般只出现在官方用语里，“二战”后称为“家庭花园”。

对园地的整理、净化不仅是出于技术层面的需要，同时也具有某种象征意义。为此，9 世纪初的赖兴瑙岛（Reichenau）修道院院长，后来成为法兰克国王秃头查理导师的瓦拉弗里德·斯特拉博（Walahfrid Strabus，808？—849）在著作《园艺：何为？》（*Hortulus: Quid facerem?*）中便提出了这样的问题："当冬季笼罩大地、春天尚未来临之际，天地之间黯淡无生气时，该要如何是好呢？"他的回答也颇有建树："植物在泥土中的根系盘根错节，宛如纠缠在一起的绿色马鬃，需要马倌用柔韧的柳条仔细梳理，等到梳理完毕，恐怕连马蹄都已经朽烂得与腐败的蘑菇别无二致。还是用农神的利齿（这是这位具有诗人气质的神父为镰刀所起的名字）来解决问题吧，向隐蔽的土地发起'进攻'，整顿昏昏沉沉的土地，斩断缠绕交错、永远不会停止生长的乱枝，捣毁鼹鼠在黑暗中栖居的巢穴，让蚯蚓暴露在白昼的光辉之下。"

"黑暗""腐败""光辉"，将神父行文中出现的这些意象聚集在一起，便能看出园林的开垦对于他而言，同时也具备某种如隐喻般的象征意义。

与斯特拉博提出的方法相比，还有更为激进的，那便是 4 个世纪之后的大阿尔伯特（Albert Le Grand，1200—1280）的做法。他是著名的百科全书派多明我会成员，主张用沸水浇灌整片土地，从而达到"决不让隐藏的根系和种子发芽"的目的。笔者不禁怀疑，这些古老的手段能否满足崇奉"荒地运动"和"流浪植物"的当代园艺师们的需求。

我们的时代梦是要消除暴力，然而，今天用来屠戮生灵、血洗大地的手段却比写作《园艺》的那个时代要残忍得多。但是，作为虔诚的僧侣，无论是斯特拉博还是大阿尔伯特，都深信人类被赋予了"在大地繁衍生息，成为大地的征服者，主宰大地"的神圣使命，因为像《圣经》的《创世纪》中所描绘的那样，他们不会认为消灭植物是杀生的行为。对于僧侣而言，认为人与其他物种休戚相关、同处一个命运共同体，这样的想法是古怪甚至是亵渎神灵的。所以《上帝之军》（*Milites Dei*）才被他们奉为圭臬，他们深信大地受到了原罪的玷污，作为传播天主福音的教士，他们有义务对大地进行净化。

除了将森林描绘成凶险之地，处处生长着应该斩草除根的邪恶生物以外，《黄金传说》（Légende dorée）对森林还有别的描述吗？圣米歇尔和圣乔治用枪矛刺死恶龙；乘着石舟从爱尔兰远道而来的圣徒驱散了不列颠群岛上盘踞的毒蛇；后来成为园艺师主保圣人的圣斐亚可（Saint Fiacre）本人在开垦由莫城（Meaux）地区主教法洛所赐、位于布勒伊（Breuil）的土地时，也曾与掌管花草、春药和魔法的女巫贝克诺德（Becnaude）交手。至于生活在一方水土（法语为 pays）的人们，也就是农民（法语为 paysans），他们弯腰耕作的土地在亚当、夏娃被逐出伊甸园之后便撒满了恶之花的种子，他们的心灵也被多神教（paganisme）和不信神的思想（païennerie）荼毒——这两个含贬义的词语在拉丁文里有着共同的词根 pagus（意为“乡屯”），同时从这个词中还衍生出了“paganus”[意为“农民”，但德尔图良（Tertullien）将其作为“不信教者”的意思]。

面对种种物质上和精神上的危险，哪位理智的圣人胆敢在大自然的美景中悠然自得，流连忘返呢？换句话说，现代的景观概念在那时又怎么可能有任何意义呢？事实上，在基督教时代的欧洲，一直等到圣方济各（François d'Assise）①现世、文艺复兴时期的锡耶纳闻名于世，景观才得以作为一个相对明确的概念重新得到认识。为了祛除上述种种威胁，最合适的办法便是将园林圈禁在坚实的围墙之后，成为一个围起来的纯洁无瑕的花园。中世纪大量画作中对花园的描绘都验证了这一点，画中有悬崖构成的无法企及的露台和山楂树路堤以及用土石砖块和树枝砌成的墙壁。在基督教的时代背景下，在别处也是这样，园林都有着重重保护。

从这个角度来说，伊斯兰教区（Dar al Islam）的花园与中世纪基督教传统中的“封闭花园”（horti conclusi）并没有实质上的区别，花园

① 译注：圣方济各（1182—1226），简称方济各，是动物、商人、天主教教会运动、美国旧金山以及自然环境的守护圣人，也是方济各会（又称小兄弟会）的创办者（会祖），是知名的苦行僧。教宗方济各的名号就是为了纪念这位圣人。

掩映在高墙之后，只能通过精巧的门扉出入其中，纯朴围墙中的小天地专为美人美馔、声色犬马而设。在这里，自然已经为人类所驯服，与饥馑、死亡和妖怪横行的荒野截然相反，甚至相比远东的花园也并无二致。《园冶》(1634)的作者计成便在书中提到，园林的位置可以随心所欲，大概因为“邻虽近俗，门掩无哗”。对此，计成只是一笔带过，并未多加笔墨，仿佛这是显而易见的一点。其实，造园真正的挑战是在跨过门扉之后如何俘获观者的兴趣。一千多年前的陶渊明在诗中吟道：“董乐琴书，田园不履。”

从词源学上看，园林与围墙也有着清楚的关系。

在《罗贝尔法语历史词典》中，用整整两页的篇幅介绍了“园林(jardin)”一词在语言学中的三条各不相同的谱系支脉。

第一个词根(极有可能)来自印欧语系中的ghorto一词，意为“围墙、围起来的场所”；该词衍生为拉丁文中的hortus(意为“围墙、围起来的场所”，后指“花园”)，并且也演化为法兰克语中的gart-和gard-(意为“围墙”)。后来，随着词缀的添加，便分别成了法语、英语和德语中的jardin、garden和garten(花园)。也出现了一些衍生词，如horticulture(园艺)、ortolan(雪鹀，或花园中的鸟类)、hortillon(园艺师)、姓氏Hortense(hortensius是一个拉丁文中的诨名，意为“花园”)，还有cour(庭院)及其衍生词。

第二条词源脉络的词根同样来自印欧语系，最初可能写作skleud-(意为“关闭”)，后演化为拉丁文claudere(意为“关闭、包围”)，其动词形式clore又演化为法语中的名词clos(围田)，有时作为jardin(花园、园林)的近义词使用，比如在描述地名的复合词中，例如clos Vougeot(伏旧园)。与此同时，在法国南部方言奥克语中，claus一词也是花园的意思。

第三条语言分支来自伊朗语族中的阿维斯陀语pairi daeza(围墙，圈地)一词，从该词中诞生了波斯语中的pardez，后来逐渐衍生为希腊语中的 paradeisos（封闭的草场），之后演化为拉丁文中的 paradisus，最终成为法语词 paradis（天堂）。

通过语言上的溯源，威廉·肯特与霍勒斯·沃波尔所歌颂的所谓迈出一大步、将整个大自然作为广袤无边界的花园的想法，看起来便有了几分矛盾的意味。或者说，仿佛是对历史的刻意扭曲，试图将诗意范畴内具有象征性含义的离经叛道传奇化，而这种有诗意的超越并不为大多数历史学家所认可。“当他跨越了围墙，放眼望去，整个自然皆是园林”这一寓意已经变得平淡无奇，笔者在此将对其进行解构和重构，从不同的视角重新加以解读……读者将会明白，本章开头的那句“隐垣来了”并不像看上去那么简单随意。

关于隐垣的第一项发现，让我们解开“隐垣”（ha-ha）一词的神秘由来。根据成书于 1670 年、但于 1724 年才出版的《巴黎大区文物历史研究》（*Histoire et recherches des antiquités de la ville de Paris*）的作者亨利·索瓦勒（Henri Sauval，1623—1676）的说法，“隐垣”一词最早并非用于园林设计，而是来自城市。索瓦勒写道：“隐垣街（rue du Ha-Ha，此处请注意，这是该词最早的拼写方式，之后沃波尔沿用了这种拼写方式。英国人也用这个词来表达狼壕或干沟。但是法国人更喜欢拼写成 ah ah）是一条漂亮的死胡同，与樱桃园街（rue de la Cerisaye）相比毫不逊色。这条街欺骗了很多人，因为它又长又宽，沿路有许多道能通马车的大门。它位于圣安托万广场，距离皇家广场很近，无数路过此地的行人都误以为这条路可以通向皇家广场。当人们惊讶地发觉此路不通，眼前所见与自己所想截然相反时，便会发出‘啊啊’（ha-ha）的惊呼。人们相信这条街正是因此得名。”

那么，这条看上去通向如今孚日广场的死胡同与隐垣又有什么关系呢？当人们在花园围墙上发现一处精心开凿的出口，但接着又发现这个出口其实也通向一条死胡同时，也同样会发出“啊啊”的惊呼。

关于隐垣的第二项发现，便是可以将这个单词写为“ah ah”了：它的发明问世时间远远早于威廉·肯特。我们可以在《园艺理论与实践》(*La Théorie et la pratique du jardinage*)中读到相关的内容。这部由勒·布隆(Le Blond，1677—1719)与德扎利尔·达让维尔(Dézallier d'Argenville，1680—1765)合力完成的《园艺理论与实践》，于1709年第一次在巴黎出版，并于1712年译为英文出版，也就是说，该书的问世时间相比沃波尔对威廉·肯特的赞美要早十余年。书中写道："在建筑正面，修筑一条主林荫道，再修一条穿过主林荫道的小道，与主林荫道的走向形成一定的夹角；当然，两条道路也可以并排而行，两者的间隔根据路宽按比例确定，看起来与花园的其他部分浑然一体。林荫道的尽头设置栅栏隔墙或出口，同时中间隔着一条又宽又深的干沟，干沟底部、两侧都有铺砌，以便稳固土基，使人无法攀爬上去，只能来回打转。这样的通道被称为狼壕或隐垣(ah ah)，因为人们只有靠近之后才会突然发现它，并发出'啊啊'(ah ah)的惊呼，隐垣便由此得名。"

不过，沃波尔的追随者们无疑有着丰富的想象力，除了关于肯特去掉花园围墙的传奇之外，他们将英国哥特小说《奥特兰托城堡》(*The Castle of Otranto*)的创作也归功于沃波尔。诚然，"ah ah"一词及其在园林艺术领域的最初内涵都源自法国。但是，沃波尔这样有才能的人，这样一位德行完美的绅士，曾经与德芳夫人(Madame du Deffand)用法语互通书信，并在自己的草莓山庄内设有的出版社自费出版了英法双语的著作《论现代园林艺术》。因此，很有可能的是，沃波尔并非不知道"隐垣"这个词的来龙去脉，但认为这些只是微不足道的细节。事实上(沃波尔的追随者们继续说道)，我们从篇首这条语录中并没有什么新的发现，或者说几乎没有。大家都知道勒·诺特"无法容忍任何有边界的造景"，这也很容易理解，因为勒·诺特毕竟是一位透视造景和视错觉造景大师，也是一位在17世纪便与封闭花园所象征的中世纪"封闭世界"思想决裂并主张"无穷宇宙"的现代派先驱。从那时起(他们用下结论的口气不无得意地说道)，花园里所谓"法国式"的干沟"ah ah"(此处用了勒·布隆和德扎利尔的著作中的说法)，即将中世纪园艺师普遍使用的明处通道加以扩展，再多挖几尺扩展成深沟这类的设计，并不是沃波尔所说的隐垣“ha ha”。但沃波尔的隐垣绝不局限于此，而是围绕着整座花园或花园的一部分，以隐垣代替围墙，从而拓宽视野，使人能够眺望远处的诗意田园，将园林与景观融为一体。

问题环环相扣，来龙去脉似乎终于明了。但到了这里，就像博尔赫斯《虚构集》中的花园小径一样，分出了枝枝蔓蔓的岔路。首先，从广义上看，隐垣始终属于围墙的范畴，不是“仿佛只是空气一样”的虚幻围墙，也不是中世纪传奇《艾雷克与爱丽德》中所描绘的看不见摸不着，却将马勃格兰的葡萄园“围得好似铁桶一般”的神奇围墙，相反，隐垣是客观存在的实体，它是用以代替墙壁的壕沟。其次，人们有可能沿着隐垣走回原处，连续隐垣的概念在勒·诺特的设计中已有所体现。

根据勒·布隆和德扎利尔的看法，勒·诺特晚期作品中“最值得反复琢磨的一点”便是“人们完全看不到围墙，甚至会认为花园与田园是连在一起的”，17 世纪 80 年代末期为伊西城堡（château d'Issy）设计的花园便是其中的典范。这座城堡花园独具匠心，以至于城堡的主人孔蒂公主说出了这样的话：“这一切虽并不归我所有，但一切尽在我眼中。”

尽管没有提到隐垣这一专业名称，但是史居里小姐（Mlle de Scudéry）[①]在威廉·肯特诞生的 20 多年前，便已经在《科莱丽》（Clélie）第一卷（1685）中对广义的隐垣进行了描写：“……花圃的这一侧没有围墙阻隔，河流便是天然的隔断，在这里可以将一切尽收眼底，河沟、台地、水渠，以及从花圃远处流向草地的瀑布，在这些景致之上，是小河、无垠的草场、起伏的山丘、小屋和村庄，远处逶迤的山脉仿佛与天际融为一体，再远处的物体几乎看不清楚，因为实在太过遥远。”

人们或许会提出质疑：肯特和沃波尔所说的隐垣并不是指河流。但它们背后的主旨是相同的。上文所描绘的一切都来自小说家在《想象的地图》（*la carte de Tendre*）中的转载。因此，这一被归功于园艺师布里

---

① 译注：玛德琳·史居里（Madeleine de Scudéry，1607—1701），法国女作家，矫饰（Préciosité）文学的代表。

奇曼[1]和建筑师肯特的个人天赋的“神来之笔”，这因为沃波尔而闻名的“决定性的一步”，其实是由一个女人最先开始的。这位长期被嘲笑为附庸风雅的“才女”作家，且不论她的文学才华，其实在园林艺术方面，正如其在个人生活方面一样，能够称得上是一位先驱。

除去沃波尔对园艺史上这段逸事的演绎成分，他所提出的论点确实具有革命性的意义。只不过这场革命早在十多年之前就已经由反对巴洛克时代大男子主义“荣耀”的女小说家率先提出，但一直等到欧洲启蒙思想下的“感性”灵魂大行其道时，这场革命才最终宣告完成。

另外，这则为草莓山庄的设计者量身打造的传奇故事颇具回溯往昔的色彩。当沃波尔写下这则故事的时候，英国早已不再是他笔下的威廉·肯特迈出“关键性的一大步”的时代了。

从物质层面上看，当时的乡村已经在圈地运动的影响下发生了巨变：农业和地产领域的革命使英国逐步发展为世界第一大经济强国，绿篱和路堤的出现将乡村土地划分成块，重新植树造林。与这一切同时发生的是，土地所有权逐渐集中到绅士贵族（gentry）的手里，他们从中获得了天文数字的利益。

从文化层面上看，英国大贵族所津津乐道的巴洛克时代的贵族至上主义遭到了极大的打击：大部分地主不再像威廉·肯特的庇护者柏林顿勋爵（Lord Burlington，1694—1753）那样，频繁前往意大利等列国周游；从克劳德·洛兰（Claude Lorrain，1600—1682）、加斯博·普桑-杜埃（Gaspard Poussin-Dughet，1615—1675）或萨尔瓦多·罗萨（Salvator Rosa，1615—1673）描绘的罗马乡村中汲取灵感的学院派风光不再，他们的地位被快乐英格兰（Happy England）的欢声笑语取代[2]。在如此的变革中，兰斯洛特·布朗（万能布朗）于18世纪中期引入的与肯特背道而驰的新型造景手法，以及他那海纳百川、千奇百怪的小型装饰建筑，都是极好的见证，因为这些新的手法和装饰建筑看重的是英式乡村精心打造出

---

① 译注：查理·布里奇曼（Charles Bridgeman，1690—1738），英国园艺师，他的职业生涯正好处于英式园林或自然园林这种园林风格出现的时期，但是在园林史中并不知名，其声望被布朗和肯特盖过。

② 译注：此处应指以英国水彩画家海伦·阿林厄姆（Helen Allingham）为代表的乡村风景画家。

的田园牧歌式的美，往往令人叹为观止，而这时就需要一位天才或者一位有能力的艺术家（“万能”的绰号由此而来），用他的话说，这位天才或有能力的人只需一眼，便能发觉一块场地在景观方面的潜力。

历史学家凯斯·托马斯（Keith Thomas，1933—）在文集《大自然的花园》（*Dans le jardin de la nature*）中指出，绅士贵族阶层对大自然的理解有了发展和进步。他们与沙夫茨伯里（Shaftesbury，1671—1713，伏尔泰称其为英国“最胆大包天”的哲学家之一）在《道学家》（*Moralistes*）中所主张的新柏拉图学派渐行渐远，新兴阶层对大自然的认识摇身一变，与笛卡儿主义截然相反，高度重视动植物与人类的亲近关系，反对 17 世纪所盛行的“动物是机器”的观点，反对贬低“连灵魂都没有”的物种。

上述种种因素结合在一起，导致“如画风景”的概念发生了变化：威廉·肯特的新帕拉迪奥式、新田园式和新哥特式的底图（肯特在成为建筑师和景观设计师之前曾经做过画师、雕刻师和室内装饰设计师）被取代了，后来居上的是越来越远离罗马式乡村的景观，越来越表现出“诗如画”（ut pictura poesis）的精神，主张理查德·佩恩·奈特（Richard Payne Knight，1751—1824）或尤维达尔·普莱斯（Uvedale Price，1747—1829）在 18 世纪末发表的一篇前浪漫主义时代日志中所倡导的纯粹美学。

霍勒斯·沃波尔的父亲，英国总理大臣罗伯特·沃波尔在 40 年前便称得上是传统贵族的典型代表，但这并不能改变什么，他的儿子也并未躲过大众审美品位以及更高层次的经济现实的巨变。正如园林艺术领域最杰出的专家之一约翰·迪克森·亨特（John Dixon Hunt，1936—）的记载：“且看他自家庄园里井井有条、丰富多彩的景致，有田地，有草场，有森林，也有河流”，这些在某一阶层的全体地主看来，已然同时成为辉格党精神（whig）[①]以及“社会地位和能够追溯到古罗马时代的传统”在自然环境中（in situ）的体现。

---

① 译注：辉格党（Whig Party）为美国在杰克森式民主（Jacksonian democracy）时代的一个政党，前身是国家共和党。具体地说，辉格党拥护国会立法权高于总统内阁的行政权，赞同现代化与经济发展纲领。该党自选“辉格”为名，附和反对英国王室君主专权的英国辉格党，反对总统专断。

基于社会、政治以及美学上的需求对《艾雷克和爱丽德》[①]中守护果园的“封闭区域”进行了翻转，使之焕然一新。隐垣这一神奇的创造让视线得以延伸，不仅体现了园林主人高雅的文化品位，更是不动声色地将园林主人所拥有的良田沃野展现在观者眼前，绅士地主阶层便是这样利用科学和匠心来炫耀财富。奉行法国式绝对主义的贵族曾经不愿意看到乡野村夫，在从一座城堡去往另一座城堡的过程中都会拉上马车的窗帘。现在这些乡下人不再是让人害怕或厌恶的对象了，他们成了造景中的有机组成部分，与贵族们豢养的可爱动物和他们所居住的精巧茅屋一样，都是供人欣赏的田园风格的装饰品。

至此，沃波尔“移花接木”的故事可以告一段落了吧？如果说，隐垣的问世有诗人们推波助澜的成分 [除了史居里小姐外，《隐居颂》（*Ode à la solitude*）[②]的作者亚历山大・蒲柏（Alexander Pope，1688—1744）与园林也有着千丝万缕的联系，正是他在 1720 年向巴瑟赫斯特勋爵[③]建议，应该推倒赛伦塞斯特（*Cirencester*）花园的围墙，因为这些围墙“阻碍视野，让人无法体会到大自然的无穷魅力”，蒲柏还强调说：“附近的田野都应该在视线范围之内。”]，并且这一点看起来已经得到了证实的话，那么我们提出的下一个问题则是：哪一位园艺师第一个完成了这项革命之举？

是勒・诺特的伊西城堡吗？笔者认为是的。但是，《园艺理论与实践》（1747）中关于孔蒂公主庄园的记载并没有对“隐垣”这种用于替代围墙的设施加以描述，因此也无法确凿证实自己的猜想。

---

① 译注：《艾雷克和爱丽德》（*Erec et Enide*），12 世纪法国诗人克雷蒂安・德・特洛亚（Chretien de Troyes）的作品，他也是法国第一位小说家。约成书于 1170 年，以男女主人公的名字作为书名，描述骑士与贵妇的宫廷故事。

② 译注：英国诗人亚历山大・蒲柏于 1700 年（他 12 岁时）写的一首诗。蒲柏是 18 世纪英国最伟大的诗人，是古典主义诗人。他出生于一个罗马天主教家庭，由于当时英国法律规定学校要强制推行英国国教圣公会，因此他没有上过学，从小在家中自学，学习了拉丁文、希腊文、法文和意大利文的大量作品，代表作包括诗体评论《批评论》等。

③ 译注：巴瑟赫斯特（Henry Bathurst，1714—1794），是一位英国律师和政治家，他从 1771 年到 1778 年担任英国大法官。

或者，会不会像霍勒斯·沃波尔暗示的那样，是查理·布里奇曼？这位园艺师继亨利·怀斯（Henry Wise，1653—1738）之后担任乔治二世和卡洛琳王后的皇家园艺师，但他的问题在于其早年经历比他的出生日期更加难以探寻（我们只知道他逝于1738年）。

又或者是史蒂芬·斯威策（Stephen Switzer，1682—1745）？他曾与建筑师约翰·瓦布鲁（John Vanbrugh，1664—1726）在布兰尼姆共事，或许我们更熟悉的是他在《乡村园林设计》（*Ichnographia rustica*，1718）中的文字。然而，是他的可能性也不大，因为《乡村园林设计》这部著作中对隐垣（ha-ha）的描述似乎有误，更像是约翰·詹姆斯翻译的《园艺理论与实践》英文版中写为ah-ah的词。

对于隐垣这种为后来英式花园的盛行做好铺垫的设施，还有一种观点将其发明归功于一位活跃在英国的法国园艺师。城堡中保存下来的图纸文献资料证实，有一位“博蒙先生”（Monsieur Beaumont）为建于1689年的利文斯庄园[Levens Hall，位于威斯特摩兰郡（Wesmoreland）]设计了一座“大型棱堡”，这座大型棱堡其实是一道筑有防御工事的护城壕，其灵感来自沃邦（Vauban，1633—1707）的建筑设计。除非这种设计还能追溯到更早的时代，比如约瑟夫·费腾巴赫在1635年于乌尔姆出版的《寰宇建筑》中所想象的“第一座娱乐性质的花园”（图3）。这段历史正如马克思笔下的“老鼹鼠”——当人们认为问题正在向某一个方向发展时，事实却与逻辑判断背道而驰，向相反的方向发展。

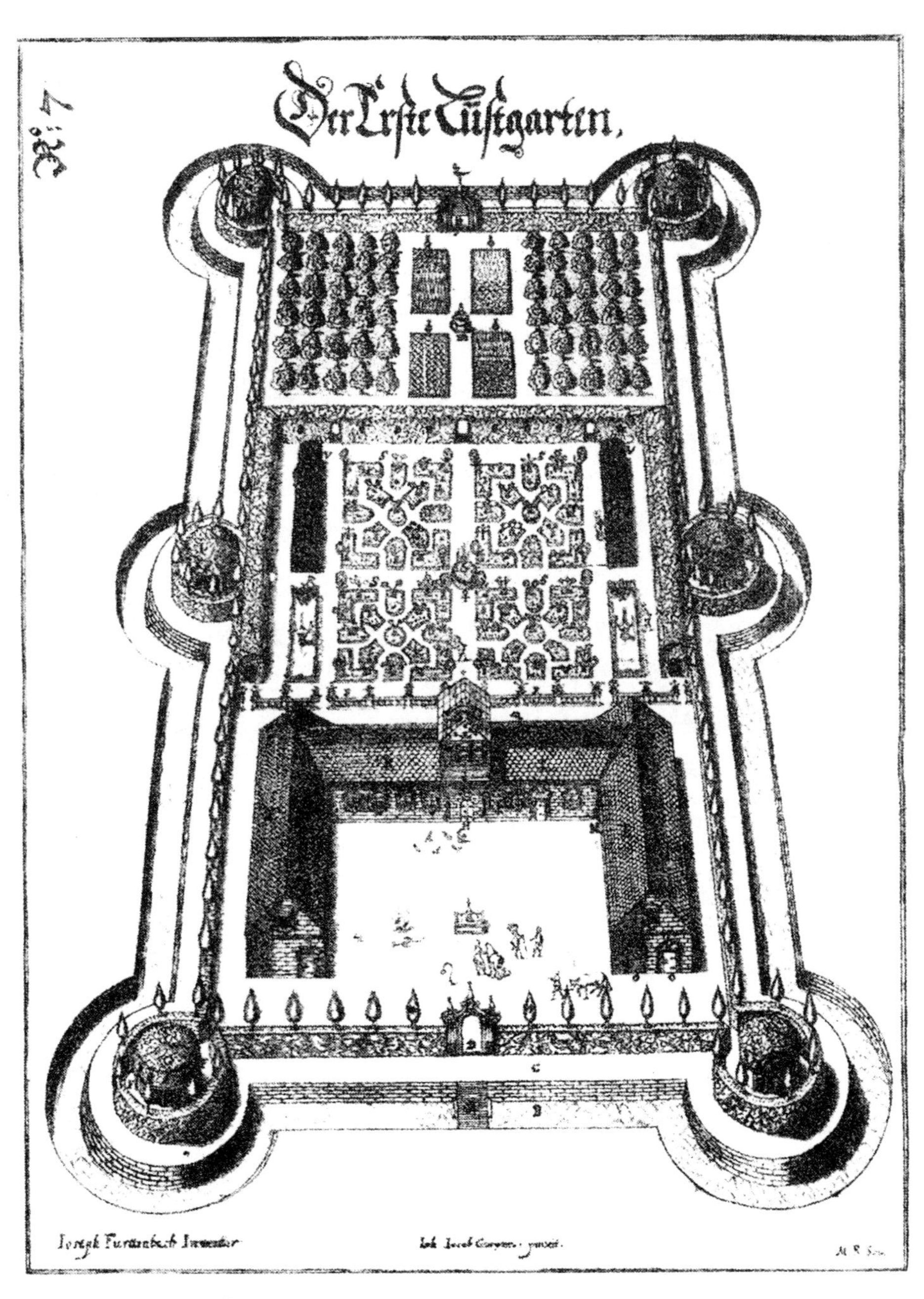

图3　第一座娱乐性质的花园
约瑟夫 · 费腾巴赫（Joseph Furttench，1591—1667），
《寰宇建筑》（*Architectura universalis*），乌尔姆（Ulm），1635年

除了英法两国的纠葛之外，与其他许多问题一样，中国在这个问题上似乎再一次占据了上风——对于这一点，法国和英国是一致同意的。事实上，之前提到的威廉·钱伯斯相信，中国的园艺匠人们掌握着许多可以“掩饰园林边界”的造园方法，隐垣便是其中之一。他在《东方造园泛论》（1772）中写道：“如果地势平坦，没有外物遮挡视线，园林周围会环绕着人造的台地，通过缓坡拾级而上”，如果相反，“园林的地势高于周围的田地，那么便用人工开凿的水流环绕，借岸边的灌木和树丛将园林内部掩藏起来”。钱伯斯补充道：“有时也会用一层坚固的黄铜丝网，将其漆成绿色后，固定在外围的树干上，这道丝网蜿蜒曲折，做工精巧，加之尺寸很小，以至于在远处几乎无法将其与草木区分开来，甚至走近也很难看出其中奥妙。”

这段记载是否可信呢？鉴于钱伯斯作为观察者的能力及其品行，上述文字应当是可靠的，尽管传教士王致诚（Jean Denis Attiret，1702—1768）——清朝皇帝的宫廷画师，在中国度过了其一生中最重要的时光——在他那封描绘中国皇家园林的著名信笺（1743）里从未提到类似的事物。但在《园冶》第三卷第六篇《墙垣》中，计成有“凡园之围墙，多于版筑，或于石砌，或编篱棘”的著述。

正如钱伯斯所记录的那样，中国文人园林中的“台”对于景致的赏玩有着重要的作用。这一点在众多文学作品中可见一斑，比如苏东坡（1036—1101）的《超然台记》。

在离开钱塘，移守胶西，“背湖山之观，而适桑麻之野”的谪居期间，这位宋朝大诗人从园台风景中获得了心灵的慰藉，“而园之北，因城以为台者旧矣，稍葺而新之。时相与登览，放意肆志焉。南望马耳、常山，出没隐见，若近若远，庶几有隐君子乎！而其东则庐山，秦人卢敖之所从遁也。西望穆陵，隐然如城郭，师尚父、齐桓公之遗烈，犹有存者。北俯潍水，慨然太息，思淮阴之功，而吊其不终”。

居高望远，这在造景理论中是至关重要的一点，其核心意义并不在于楼台本身的美感，而在于登高望远后所引发的诗人的回忆与畅想。作为围墙制高点或是俯视天然陡壁的楼台，能够让园林与外界的界限变得“透明”，让人可以忽视，宛如瞭望台一般，让视线越过普通的隐垣，望向更远的远方。

让我们放下历史以及关于历史的不休争论，看看现在甚至是未来的景况，看看我们所生活的现代、后现代和超现代时期。如果我们稍加留意，便会注意到一个问题，这个问题与在技术和商业社会的影响下越来越快的变化发展速度有关。

在我们所生活的今天，什么样的围墙才能为我们提供足够强大的保护呢？将我将在巴黎住处的花园藏在围墙之后，我很乐意这样做，因为这并不会挡住天空，虽然我住在全巴黎地势最高的地方之一，围墙挡住了外人的眼光，也可以防止有人擅闯。可是，在如今的世界里，万事万物都息息相关，这些高墙又怎么可能让我两耳不闻窗外事呢？

我支持四海为家的世界主义，支持现实层面和文化层面的跨种族血脉融合，支持生命和思想的自由交流，因此，我应该对今天的局面感到欢欣鼓舞。举例来说，为了坚持园艺，我种下秋海棠和番茄，以纪念这些植物在来到我花园之前的几百年。它们从美洲来到欧洲时经历了漫长而危险的航程，还有什么比这更令人心潮澎湃的呢？在与日俱增的各色植物展上偶然发现一种新近引入或培植出的品种，它的结构、形状、气味、质感和色彩都让人心旷神怡，还有什么比这更令人激动的呢？但是很可惜，幸福的背后也有不幸的一面。就在数目众多的人工栽培品种不断被种植出来并在世界范围内推而广之的同时，也有数目众多的物种在不断消失。它们是人们的无意识和无知的受害者，或者用更不值得来解释——它们是人们不断变化的生活方式的牺牲品。

再举例来说，当邻居用化学制品污染自己的土地，顺便也株连到您的花园时，围墙能有什么用途呢？更令人不安的是，影响我们的并非只有我们附近的因素。爱德华·洛伦兹（Edward Lorenz，1917—2008）

在20世纪60年代初提出了著名的“蝴蝶效应”理论：新几内亚一只蝴蝶的翅膀轻轻扇动，经过一系列连锁反应之后，便可能在地中海引发一阵暴风雨。本华·曼德博（Benoit Mandelbrot，1924—2010）创造的分形几何也提出与经典科学的公设截然相反的主张，认为大部分自然现象既不规则也不符合线性模型，而且是混乱的，其形成之初的“初始条件”中任何一个无穷小的随机变化便可能导致天壤之别。当然，在我们的生活中，诸如此类的变化通常不会微小得近乎可以忽略，而会剧烈得多，并且越来越多、越来越近、与日俱增。

虽然鼓吹反对现代化的灾难说是荒谬的，但这些关于“混乱”和“灾难”的理论确实能让我们更好地了解混乱和灾难，从而努力加以防范。大肆鼓吹末世论或所谓的深层生态学就有些欠考虑了，躲在改装成沙堡的花园里，以及幻想着能够处于围墙的严密保护之下更是自欺欺人。

在整个地球都已被发现、被征服、被改造、又被新技术再度改造的时代，在已经经济全球化的时代，我们所生活的土地再也不是由海洋和国境线分隔开来的一座座“孤岛”，就像一块马赛克拼图那样。这个世界已经成了一个整体，唯一的边境就是地球本身的界线，即一个全球化的生态系统，用学者的话说，是一个“生物圈”，而且这个“生物圈”正在变得越来越脆弱，人类则构成了其中的“智能圈”。总而言之，这就是后现代或超现代时期最重要的特点之一，地球已经成了一个单一的封闭空间。在这唯一的封闭空间里，局部的围墙只是一件物品，甚至往往是虚幻的，并非实体物品，会有人选择把自己关在有保安或芯片把守的重重壁垒之中，保护自己免受新的“危险阶层”之害。

这片终极围场最终的命运是成为荒原还是花园呢？这就是另一个故事了——吉卜林想必会这样考虑。不过这个故事的结局似乎不太可能像《大象的孩子》[①]那样令人愉快了。

---

① 译注：《大象的孩子》是鲁迪亚德·吉卜林（Rudyard Kipling）于1902年在《像这样的故事》（*Stories Like This*）上发表的一个病因学故事。这个故事讲述了为什么大象的鼻子这么大。

本章参考文献

[1] BARIDON, Michel, *Les Jardins. Paysagistes-jardiniers-poètes*, Robert Laffont, Paris, 1998.

[2] BARRIER, Janine, CHIU, Che Bing, et MOSSER, Monique (textes réunis et présentés par), *Aux jardins de Cathay. L'imaginaire anglo-chinois en Occident. William Chambers*, éd. de LImprimeur, Besancon, 2004.

[3] CHAMBERS, William, *Dissertation sur le jardinage d'Orient*, Londres, 1772, trad. française M.Fréret, Paris, 1781, rééd. Gérard Monfort, Paris, 2003.

[4] CLEMENT, Gilles, "L'Alternative ambiante", *Les Cahiers du paysage*, no 19, "Ecologie à l'œuvre", Actes Sud et I'ENS du paysage de Versailles, printemps-été 2010.

[5] CONAN, Michel, *Dictionnaire historique de l'art des jardins*, Hazan, Paris, 1998.

[6] GOODE, Patrick, LANCASTER, Michael, et JELLICOE, Geoffrey et Susan, *The Oxford Companion to Gardens*, Oxford University Press, Oxford et New York, 1991.

[7] HUNT, John Dixon, *The Genius of the Place. The English Landscape Garden* 1620-1820, MIT Press, Cambridge et Londres, 1990.

[8] JI, Cheng, *Yuanye, le traité du jardin* (1634), traduit du chinois et presente par Che Bing Chiu, ed. de L'Imprimeur, Besancon, 1997.

[9] KOYRE, Joseph, *Du monde clos à l'univers infini*, Gallimard, Paris, 1957, rééd. 2003.

[10] LE BLOND, Jean-Baptiste Alexandre, et DEZALLIER D'ARGENVILLE, Antoine-Joseph, *La Théorie et la Pratique du jardinage, etc.*, Jean Mariette, Paris, 1709. La superbe réédition parue chez Connaissance et Mémoires, Paris, 2001, reprend l'edition complétée, par Dézallier d'Argenville, de 1747, avec une preface dont l'auteur Dominique Garrigues, comme Michel Conan dans sa notice consacrée à Dezallier dans le tome I du recueil (sous la dir. de Michel Racine) *Créateurs de jardins et de paysages en France de la Renaissance au début du XIXe siècle*, Actes Sud, Arles, 2001, attribue (de facon erronée, selon moi) la Théorie au seul A. -J, Dezallier d'Argenville. Voir aussi Pedition parue chez Actes Sud, qui reprend le texte de 1747 (Actes Sud/ENSP, Arles, 2003).

[11] LE DANTEC, Denise et Jean-Pierre, *Le Roman des jardins de France. Leur histoire*, Plon-Christian de Bartillat, Paris, 1990, rééd. complétée, Bartillat, Paris, 2000.

[12] LE DANTEC, Jean-Pierre, *Jardins et paysages: une anthologie, Larousse*, Paris, 1993, éd. de La Villette, Paris, 2003.

[13] PETRUCCIOLI, Attilio, *Dar al-Islam. Architecture du territoire dans les pays islamiques*, sMardaga, Liege, 1990.

[14] SCUDERY, Mlle de, *Clélie. Histoire romaine*, éd. de Delphine Denis avec une reproduction de la Carte du Tendre, Gallimard, "Folio classique", Paris, 2006.

[15] SHAFTESBURY, Anthony Cooper, comte de, *Les Moralistes*, Genève, 1769, pour la trad. francaise.

[16] STRABO, Walhafrid, *Hortulus*, trad. du latin par Henri Leclerc, Paris, 1933.

[17] SU, Dongpo, *Sur moi-même*, traduit du chinois et presente par Jacques Pimpaneau, Picquier poche, Arles, 2003.

[18] THOMAS, Keith, *Dans le jardin de la nature. La mutation des sensibilites en Angleterre a l'epoque moderne*, Gallimard, Paris, 1985, pour la traduction francaise.

[19] WALPOLE, Horace, *Essai sur l'art des jardins modernes*, éd. bilingue anglais/ français, Strawberry Hill, 1785, rééd. française préfacée par Allen S. Weiss, Mercure de France, Paris, 2002.

自然

> 艺术与自然有融会贯通之处，我们无法将艺术与自然的杰作区分开来，（花园）有时在旁人看来好似大自然的鬼斧神工，有时又好像巧夺天工的人为杰作。
>
> ——克劳迪奥 · 托乐美（Claudio Tolomei，1492—1556）致姜巴提斯托 · 格里马迪（Gianbattisto Grimaldi）的信，1543 年 7 月 26 日

任何一段历史都有正本之争。那些中规中矩的，特别是被冠以“法式”之名的花园，具有典型的人造，甚至是“反自然”的特点；与之针锋相对的，则是以“自然的自由”为特点的“英式”花园。这场争辩可以说是老生常谈了，而且过于简单化，18 世纪的论辩双方有时甚至不明白这两个术语的真正内涵。

英式花园虽然标榜为“自然”，但模仿自然的造价却比“反自然”的所谓“法式”花园更高昂，不可谓不奇怪。在查尔斯 · 里维埃 · 迪弗雷尼（Charles Rivière Dufresny，1648—1724）的《作品集（戏剧）》［*Euvres (théâtrales)*］的序言中，迪弗雷尼的传记作家不仅将其称为诗意园林的发明者，还透露了一则逸事：当初筹建凡尔赛宫花园时，路易十四之所以拒绝了这位多才多艺的“波西米亚”艺术家的设计方案，不因别的，只是因为方案中山丘部分的造价超出了国王的预期。而十几年后布朗在英国修造的花园造价也远远超过同等面积的规则花园，因为需要开凿池塘，挖掘蜿蜒的河道，设置幽谷假山，营造这些“自然”的外观自然价格不菲。我们不得不承认，从巴洛克时代到启蒙运动，人们并没有试图与过去被离弃甚至被折磨的“自然”重归于好，只是对大自然的理解发生了改变。

关于向“自然”屈服的信仰，巴洛克风格也不甘落后。雅克 · 布瓦索（Jacques Boyceau de la Bareauderie，约 1560—1635）被认为是巴

洛克风格在理论和实践上的首创者，他将自己的作品命名为“从自然与艺术的理性角度论园艺”（Traité du jardinage selon les raisons de la nature et de l'art），这部著作在其逝世五年之后，于1638年出版，标题提纲挈领，无须多余的阐释。这则标题正如布瓦索本人的风格一样精确，将自然与艺术在“理性”的旗帜下联系起来。

布瓦索于1562年前后出生在法国圣冬日（Saintonge）地区的圣-让-当热利（Saint-Jean-d'Angély），他出生于一个信奉胡格诺派的小贵族家庭。年轻的布瓦索曾长期在后来成为亨利四世麾下作战指挥官的比隆男爵身边供职，在两次向天主教徒的进攻期间，为男爵设计了布里藏堡花园（Brizambourg）。在亨利·德·纳瓦尔（Henri de Navarre，1553—1610）占领巴黎之时，布瓦索选择站在和平与和解的一方，而他过去的保护人始终坚持走战争道路，最终在断头台上了却了一生。布瓦索被任命为国王的“御前侍从”后，开始广泛涉猎文化和艺术方面的知识，在那个时代最重要的两大学者社团普坦学会（l’Académie putéane）和德图学社（le cabinet De Thou），布瓦索都是常客。正因如此，他与埃克斯-普罗旺斯最高法院院长克劳德-尼古拉斯·法布里·德·佩雷斯克（Claude-Nicolas Fabri de Peiresc，1580—1637）相熟，并为他在土伦附近设计建造了贝尔冈蒂耶（Belgentier）花园。

这位人文主义者与全欧洲的伟大思想家都有书信往来，甚至频繁到了狂热的地步（一天之内有42封信！）。布瓦索是否就是在这个圈子里遇到了笛卡儿的死对头伽森狄（Gassendi，1592—1655）的呢？是否与马莱布（Malherbe，1555—1682）有过交集呢？马莱布与布瓦索的理念有相似之处，他们同属于法国古典主义。被誉为“巴洛克时代的最强音”的蓬热（Ponge，1899—1988）在提及这位诺曼底诗人时，引用哲学家亨利·马尔蒂尼（Henri Maldiney，1912—2013）的话如此写道：“他又是否认识鲁本斯（Rubens，1577—1640）呢？鲁本斯与德·佩雷斯克也来往密切。”

我们唯一能够确认的是，布瓦索在为法国王后玛丽·德·美第奇(Marie de Médicis，1575—1642) 引荐弗拉芒画师鲁本斯的过程中扮演了重要的角色。之后不久，王后要求布瓦索主持设计一座佛罗伦萨风格的大型皇家花园，这便是后来的卢森堡花园。

由此可见，在 17 世纪 30 年代，对法国乃至对欧洲园林艺术产生革命性影响的著作《论园艺》(*Traité de jardinage*)的作者并不是一位像纪尧姆·布丹（Guillaume Boudin）、莫莱（Mollet）、德康（Descamps）、德斯葛特（Desgots）、弗朗辛（Francine）和安德烈·勒·诺特的父亲等人那样全靠自学成才的园艺师。相反，布瓦索接受过高等教育，言语间字斟句酌，从不信口雌黄。在这部著作的第三卷《园林的布局和设计》中，布瓦索将大自然奉为给予人们灵感的伟大宗师，将多样性、几何规则性和林荫道长度适宜奉为黄金原则；他进一步写道，由于看事物时有近大远小的特点，适宜的林荫道长度可以让“远处最小的事物看起来更舒服”——这条透视经验后来为他的门徒所沿用，第一个便是安德烈·勒·诺特。

“根据大自然中所蕴藏的多样性，我们可以认为，变化最多的花园就是最美的”，布瓦索用优美的文笔如此写道。接着，他援引了植物学家的观察记录，进一步指出，是大自然本身就具有形式上的规则性：“一切最美好的事物，如果不是如此井井有条地对称排列，如果没有这种对应性，就会有缺陷，也不再那么完美了。大自然对其完美造物的安排就是如此，树木逐渐长大，生长出的每一根枝丫都依然维持着同样的比例，叶片的每一面也依然高度相似，花朵的花瓣数量遵循着不多不少的规律，这一切是如此井然有序，我们除了努力效仿大自然这位伟大的宗师以外，不可能做得更好了。我们提到的其他特点也是如此。”此番“自然主义”的宣言在巴洛克风格的世界里并不独属于布瓦索一人，英国建筑大师、伦敦圣保罗大教堂的设计者克里斯托弗·列恩（Christopher Wren，1632—1723）的主张也明确与此相同：“几何对称的物体天生就比不规则的物体更美，所有人都会同意这一点，因为这是一条自然法则。”然而，布瓦索论述中的独特之处在于他努力将自己在职业实践中观察到的种种作为例证，以此来支撑自己的观点。

对大自然的尊崇，在勒·诺特之后的所谓“法式”园艺理论家中也同样大行其道。勒·布隆和安托万·德扎利尔·达让维尔（Antoine-Joseph Dézallier d’Argenville）在六十年后的《园艺理论与实践》（1709）中也再次提到了这一观点，断言“在花园里栽种植物要更接近于自然而不是艺术，必须体现自然的价值”。言之凿凿，充分表明在巴洛克和洛可可风格的园艺设计师心目中，园艺并不是为了向艺术这位宗师致敬，而是要顺从自然法则（最首要的便是场地的法则）——这种法则，正如科学和笛卡儿唯理论所推论的那样，在各种“偶然”的背后，隐藏着几何对称的精髓。

与此同时，一则新的信条在英国开始出现，尽管早在十几年前，法国小说家奥诺雷·杜尔菲（Honoré d’Urfé，1567—1625）的《阿丝特蕾》（*L'Astrée*）和玛德琳·史居里（Madeleine de Scudéry，1607—1701）的《科莱丽》（*Clélie*）中已经宣告了这则信条的诞生。沙夫茨伯里伯爵（le comte de Shaftesbury，1671—1713）是洛克[1]的追随者，他在《道德家》（*Les Moralistes*）中，让“冷漠的”菲罗克莱斯（Philoclès）疯狂地迷恋上了场地精神（génie du lieu）和“蛮荒”的自然。“我并没有斗争太久”，书中这位年轻人在给他的朋友，“热情”的忒奥克莱斯（Théoclès）回信时写道：“在我心里，一种激情油然而生，对于大自然以及一些事物，那些人类的技艺、自负和心血来潮是无法破坏它们的原始状态的，我就怀有这样的激情。被岩石和苔藓覆盖的洞穴、奇形怪状的石窟、断断续续的瀑布湍流，这些在险远之地才能一见的奇伟、瑰怪之观更能代表大自然，更让我兴味盎然，比王公贵族的小花园更令我叹为观止。”后来，亚历山大·蒲柏在《论批评》（1715）中，也以类似于巴洛克风格的方

---

① 译注：约翰·洛克（John Locke，1632—1704）是英国哲学家和医生，被广泛认为是最有影响力的启蒙思想家之一，俗称“自由主义”之父。他的工作极大地影响了认识论和政治哲学的发展。他的著作影响了伏尔泰和卢梭，以及许多苏格兰启蒙思想家和美国革命者。他对古典共和主义和自由主义理论的贡献反映在美国《独立宣言》中。

式向大自然致敬；而在《致伯林顿书简》（1731）中，蒲柏公开将斯陀园的创造者威廉·肯特与凡尔赛宫的设计师安德烈·勒·诺特相提并论：

“处处都按照场地布局，并遵从场地精神。场地会告诉您何时应该抬升水势或让水流加速；何时应该营造直指天空的恣肆尖峰或在谷地环绕中布设园景，营造田园风光，整理一片小树丛，将绿树连成绿荫，树影婆娑，将小径延伸或截断；您要记住，请像画油画那样布置植物，像画素描那样精心营造。

“希望艺术所共有的良知和灵魂成为您作品的基石，我们将会看到，当各部分以自然的相互关系组合起来时，便形成了一个有机整体，美感自然而然地散发出来。美产生于不同，奇特和偶然性更能突出美感。大自然会担任您的副手，时间会让您的作品成熟，焕发令人赞叹的光彩，或许会成为另一座斯陀园。

“伟大的凡尔赛啊！由于缺乏品位，你的光辉逐渐黯淡，尼禄（Néro）的露台也已经成为断壁残垣。”

这一转折很快为兰斯洛特·布朗（万能布朗）和威廉·申斯通所接纳（图4），同时也为卢梭、吉拉丹侯爵、克里斯蒂安·赫什菲尔德和沃尔夫冈·冯·歌德等人所接受。为其奠定理论基础的是埃德蒙·伯克（Edmund Burke，1729—1797）的著作《论崇高与美丽概念起源的哲学探究》（*Recherche philosophique sur l'origine de nos idées du sublime et du beau*）（1756），当时他还是一位来自爱尔兰的年轻哲学家，而到了更加成熟的年纪，他却成了一位激烈反对启蒙运动和法国大革命的激进政客。

图4 《威廉·申斯通后期生活的部分细节追忆录》卷首插图
伦敦，1788年

伯克条分缕析，针对布瓦索的论证逐条提出了反对意见。伯克写道：“人们都说美存在于各部分的比例之中，但是，仔细考量之后，我认为这一论断从某些角度而言是值得怀疑的……我们需要验证的是，人们称之为美的植物和动物是否总是符合某种一成不变的尺寸，以至于让我们相信，我们能从自然和机械的规律中、从习惯中或者从有目的的明确契合中获得美的满足。”伯克也提到了花朵和鸟类，在他看来，“比例的精髓是条理和精确，与其说能营造美，倒不如说只会破坏美”。这让他最终指出：“我完全相信比例的崇尚者们其实只是将他们自己的人为理念强加于自然中，而不是将从大自然中学习到的比例知识应用在艺术作品中。因为在关于这一问题的所有讨论中，他们总是蜻蜓点水地谈自然之美的自由之处，尽快跳过动植物领域，只为躲进人造建筑的线条和角度中……但自然最终挣脱了人们强加的束缚：后来的花园证明我们开始意识到数学理念并不是真正的美丽之道。”

这部著作获得了国际性的成功，其中的内容直到今天都闻名遐迩，在一些享有盛名的学术著作中均有提及。然而，本人在此对这场针对“美究竟是成比例的还是不规则的”的没有结果的论辩不予置评，这部杰作中的一切观点都有倾向性。

伯克声称，崇尚规则和比例的人对动物和植物避而不谈。但真的是这样吗？

从中世纪建筑师维拉尔·德·奥纳库尔（Villard de Honnrcourt，1200—1250）到列奥纳多·达·芬奇（Léonard de Vinci，1452—1519），他们的无数画稿都证明事实恰恰相反。他们不遗余力地记录着人体的形态、花朵的形状、狗或马的头部构造等生物体的和谐比例。至于布瓦索，我们也已经看到他在花朵和树木的生长中汲取了无数的例子。

规则的花园是建筑物的附庸吗？

我们在布瓦索的《论园艺》中找不到任何能够让伯克得出这一结论的论据。布瓦索既没有提到广义上的建筑物，也没有提到大众认为的应当与花园相配的建筑物的布局。

这是出于无知，还是为了将园艺定性为“自由艺术”，并试图摆脱建筑师的掌控（直到那时，建筑师都要负责同时绘制建筑物和花园的设计图）而采取的策略，以便将建筑物的建造交给砖瓦匠和木工并将花园的建造交给园艺师呢？后一种假设似乎更有可能，结合圣西蒙（Saint-Simon，1675—1755）的记录来看更是如此。在圣西蒙的记载中，当路易十四向勒·诺特问起，他对于艾尔多安·曼沙特（Hardouin Mansart，1646—1708）临时接替他创作的柱廊灌木丛（bosquet de la Colonnade）的想法时，勒·诺特犀利地答道：“您让泥瓦匠变成了园艺师，只是他为您做的还是泥瓦匠的那一套。”听到这样的反驳，我们很难说服自己相信“法式”花园艺术从属于建筑学的说法。同时，在1986年，由米歇尔·高哈汝组建的研究组绘制的凡尔赛宫花园的平面图，更加证明了相反的事实。从这个小组的研究结果恰恰可以看出，曼沙特在勒沃（Le Vau，1612—1670）最初的建筑基础上增建的城堡走廊恰恰是受到了勒·诺特此前已经建成的花园走道的启发。

如果以大自然为艺术创作的原型并非是通行的做法，而只是一种佯装声势的方式，那么从伯克和布瓦索之间以及巴洛克风格和自然风格的园艺设计主张之间的这场对峙可以得出什么样的推论呢？要知道，在西方文化中，大自然这个包罗万象的词语同时涵盖了古希腊语中“菲希斯”（physis）和“忒希斯”（thèsis）这两个意象[①]：一方面，是生命力，人类试图将其凝聚在“智慧”（métis）[②]之中，或者借助“技艺”（technè）掌握它；另一方面，是用人类的智慧以及科学来认知和描述这种生命力，以定律和法则等数学形式来表现它。菲希斯与忒希斯都处在历史的掌控之下：创造之神忒希斯受到历史的制约，因为科学不断发展，人类用以驾驭自然的手段越来越丰富；自然之神菲希斯也受到历史的制约，因为技术发展让更新换代的进程越来越快，以至于每一代生命在“习得年龄段”所面对的自然都与上一辈不同，许多物品、基础设施、人造物以及工艺流程都是之前不曾有过的，现如今却成了生活中司空见惯的一部分。

出于如威廉·肯特在发现废墟花园和意大利风光时受到的美的震撼，1688 年革命之后在英国日渐兴起的富有且散发着乡野气息和自由气质的士绅阶层，前浪漫主义的“感性”取代巴洛克式的“辉煌”并在精英阶层中引起的“社会风潮”（éthos）的骤变，以及科学本身的转变之类的原因，几何学眼见自己被科学观测和试验，或者被英国人所说的“历史”（histories，这个词语最早源于 18 世纪取代了几何学的主宰学科——自然历史）取代。本人不打算在此一一分析这些原因，总而言之，菲希斯和忒希斯这对组合在布瓦索和伯克所处的时代经历了深刻的变革。

---

① 译注：physis，古希腊语为 Φύσις，指自然之神；thèsis，古希腊语为 Θέσις，指创造之神。

② 译注：métis，即墨提斯（希腊语为 Μῆτις，有“建议”“机智”的意思）在古希腊神话中是一位大洋女神（Oceanids），是俄刻阿诺斯和忒堤斯的三千个女儿之一。最初她是机智和计谋之神，后来代表更大的智慧和更深的沉思，是智慧女神和女战神雅典娜的母亲。

这场变革是如此壮观精彩，以至于所有关于园艺的争论可能都是无效的。如果说勒·诺特、安德烈·莫莱、克劳德·德斯戈、丹尼尔·马洛、亚历山大·勒·布隆、约翰·罗斯或乔治·伦敦改造大自然是为了使之完美地迎合国王的审美品位和支配自然的几何法则，那么肯特、布朗、吉拉丹、莫雷尔、希尔施菲德、莱普顿或莱内却让自然场所从头到脚改头换面，使之符合另一种完美形象，再现了洛兰[1]和萨尔瓦多·洛萨笔下的阿卡迪亚风光，并伴随着在赫尔德和浪漫主义“民族精神”（Volksgeist）[2]的基础上形成的新风骨，打造出一片理想主义的国民田园。

因此，在上述两种情况中，没有什么是真正“天然”的。而它们却有着两个共通的标准：一是再现和“模仿”（mimésis）永恒且完美的大自然，实际创造出的却是受到历史制约的时代产物；二是极力避免天马行空的想象僭越水文地貌学、植物学、土壤学、气候学的法则。在路桥工程师让-马利·莫雷尔（Jean-Marie Morel，1728—1810）在《园林理论》（*Théorie des jardins*）（1776）一书中正式提出这些担心之前，“巴洛克人”克劳德·莫莱（Claude Mollet，1557—1647）在其著作《园景与园艺》（*Théâtre des plans et des jardinages*）中就已经有所提及。在园林艺术中标榜大自然的地位除了思想理念上的意义和作用之外再无其他用途：在不同的时期，这门艺术所使用的技艺和方法一直在“蛮荒”和“规则”之间摇摆不定。人造的“蛮荒”是要在一个试图征服自然的世界里尽情展现自然之力，而“规则”正是要颂扬技艺对自然的掌控和支配。

呼吁人应当保护大自然，或者主张将大自然融入一个人造物已经在很大程度上取代了大自然的世界里，这种精神可嘉，可是从语义学上看却有歧义。在拜读了菲利普·德斯科拉（Philippe Descola，1949— ）的杰作《超越自然与文化》（*Par-delà nature et culture*）之后，当我再谈论园林和景观

---

① 译注：克洛德·洛兰（Claude Lorrain，1600—1682），法国画家，卒于意大利罗马。他在绘画方面有极高的天赋，取得了很高的成就。自他开始，法国才有了真正意义上的风景画。

② 译注：由德国哲学家、诗人赫尔德（Johann Gottfried Herder，1744—1803）在《论语言的起源》这本书中提出。对赫尔德而言，“民族精神”这种概念并不表示任何民族较其他民族更具优越性；相反地，他大力鼓吹所有文化均为平等的，并具有其各自的价值。

艺术时，只会在极为谨慎的情况下使用“自然”这个词，通常，我更愿意使用“生命”（vivant）[①]一词。这个词语有一定的局限性，因为它将“岩石”这类材料排除在外，而岩石在中国造园理念中占据了景观的半壁江山，但它又不会那么模棱两可，没有把人排除在外。

“自然”与园林艺术的纠葛是否告一段落了呢？并没有。

事实上，一位当代英国历史学家重新定义了消遣性的花园，称之为“第三自然”。通读了 16 世纪意大利学者的著作之后，20 世纪 80 年代初担任《园林历史杂志》（*Journal of Garden History*）主编的约翰·迪克森·亨特（John Dixon Hunt，1936—）对用来描述娱乐性花园的词组 terza natura（意大利语：第三自然）的起源产生了疑问。在贾科波·邦法迪奥（Jacopo Bonfadio，1508—1550）和巴托罗缪·塔基欧（Bartolomeo Taegio，1520—1573）的作品中都出现了这个词组。

在 1541 年的一封信中，邦法迪奥用与克劳迪奥·托乐美（本章开头引言的作者）相近的口吻提到了在探索观赏性花园中艺术与自然的联系时遇到的困惑：根据“模仿”理论，艺术和自然是不会相互混淆的，因为前者是对后者中创造性的重现，然而，令他感到惊奇的是，现实并非如此，在一座娱乐性花园里，二者相互融合，难分彼此。为了解决这个悖谬，邦法迪奥提出了下面的主张：“当大自然与艺术相结合时，大自然便上升到了能与艺术相比肩的创造者的位置，二者的结合便产生了某种我不知道该如何确切定义的‘第三自然’（terza natura）。”

这条由一个理论上的疑问引出的言辞巧妙的创见，在 1559 年塔基欧的《宅屋》[*Villa*，那个时代有数不胜数的著作都以此为题，甚至在法国形成了一种被命名为“乡村小屋”（La Maison rustique）的类型] 中再次被提及，或者说被重新发现。

“为什么将其称为‘第三自然’呢？”约翰·迪克森·亨特不禁问道。

---

① 译注：法语指有生命的、生气勃勃的，这里对应“自然”一词翻译成“生命”。

两位在时间和空间上都如此接近的作者同时提及这种说法，这让亨特感到并非偶然。直到他发现了《图斯库鲁姆论辩》（*Tusculanes*）的作者西塞罗（Cicéron，前 106 年—前 43 年）的一篇文章，这篇文章证实了“第二自然”（altera natura）说法的存在。该文在 16 世纪上半叶，在邦法迪奥和塔基欧不谋而合地提出自己主张之前的数年，以意大利语连续出版过四次。文中提道：“我们播种小麦，栽植树木，给土地浇水施肥，疏浚江河，使之改道后为人所用。简而言之，通过我们的劳动，可以说是尝试在一个天然的世界中创造出第二自然。”

在天然的世界中创造出第二自然，历史学家就这样揭开了谜底。这位著名的古罗马雄辩家将没有耕种过的土地或森林（Saltus）或原始森林，抑或人类没有开垦居住的地区（Wilderness）归属为“第一自然”，将经过人类劳作改造的第一自然称为“第二自然”。邦法迪奥和塔基欧由此进一步想象、延伸下去，将限定区域内艺术与自然相互作用的结合体称为“第三自然”。与所有艺术一样，这种结合需要方法、理论与诗意指导，之后变为了喷泉的水源、垂直的城市森林（bosco）。

将观赏性花园定义为“经过艺术美化的自然”，这一含义在过去许多世纪中一直以不同的形式延续下来。但在今天，这一定义是否仍然合时宜？对此，约翰·迪克森·亨特有自己的看法，并在 1994 年法兰西学院举办的一系列专题研讨会上阐释了自己的观点。笔者也持有同样的观点，只是在这个定义的前提基础及西塞罗提出的“第一自然”的概念上有所保留。

在西塞罗所生活的时代，蛮荒之地和从未开垦的森林主宰着大地，自然、文化和科学各方面都与我们这个时代相去甚远。对于他所设想的原生状态下的自然，我们不能过分地批判；但在今天仍然支持这一观点就很像是原生主义小团体在四处招摇、夸夸其谈了。在那些小团体看来，地球就是 6000 年前在 7 天之内被创造出来的天堂。按字面意思如此阐释《圣经》中的创世纪，大概会招致一些疯狂、荒诞的行径，就像在美国明尼阿波利斯市（Minneapolis）所建造的博物馆里让人与恐龙同处一样。

在《风景与记忆》（*Le Paysage et La Mémoire*）的前言中，英国历史学家西蒙·沙玛（Simon Schama，1945—）记述了狂热的白人传教士宣布他们在美国西部荒原的群山中发现了所谓伊甸园一角约塞米特山谷（Yosemite）的故事。然而，这处风光绝美的山谷在1864年就已经被约翰·缪尔（John Muir，1838—1914）和弗雷德里克·劳·奥姆斯特德（Frederick Law Olmsted，1822—1903）发现，由政府记录在案，并于1890年设为美国国家自然公园。显然，它与传教士托马斯·斯塔尔·金（Thomas Starr King，1824—1864）所宣称的天堂没有半分关系。沙玛还指出，这座山谷早已被原住民印第安人改造过多次，他们经常来这里伐木，比白人来得要早得多。

不过，宗教狂热并不是能让大家将人造的场地认为是神秘的“第一自然”的唯一因素。

布列塔尼格兰德岛（Île-Grande）的整个海岸在过去的一个多世纪都是花岗岩采石场，阶梯形的石块和岩石上遍布的金属撬棍留下的凿痕便是证据。然而，虽然此地的人为工业活动一直到20世纪60年代才停止，但是绝大部分前来的旅游者还是被这片海岸的“荒蛮之气”震撼到，要说这片海岸经常被野蛮肆虐的暴风雨袭击倒是真的。

那么说到底，在我们的星球上究竟有没有一小寸土地至今仍然没有被人类染指呢？有些研究者认为，只有“走四天四夜都不会碰到一个人的地方”才能称得上是“荒野”（Wilderness）；但还有一些研究者，如卡里波（Callibot）、纳尔逊（Nelson）和泰拉松（Terrason）等人则认为，“荒野”这个词实际上没有任何所指，也没有实际的意义，这个词也是文化的产物。

既然如此，为什么还要坚持将花园定义为“第三自然”呢？因为虽然我们的世界在很大程度上是人为制造的，但是对于“第一自然”的记忆仍然在我们身上传承着，有时甚至会有激烈的表现形式，比如自然灾害（所谓的自然灾害，其实很大一部分是由不合理的人类行为导致的）。尽管历史和理论解构了“荒野”的概念，但这一概念并未从我们的记忆中消失不见，我们每一天都在已有几百万年历史的地壳基础上，以充满想象的方法对它加以重构，唤起我们内心对过去的“回忆”（remembrance）。因此，尽管对于“第一自然”在今天是否存在这个问题还有争议，但是它在我们的思想中一直十分活跃。这就解释了为什么我们所生活的日益混合交融的世界越是远离第一自然，园林艺术的主流——在今天强调主张“野性”的成分——越是要不遗余力地再造自然。

园艺中的“第三自然”与其说是追求与“第一自然”本身的相似，倒不如说是追求如何能够最大限度上迎合我们对“第一自然”的想象。这也再一次证明了其中的艺术性。

本章参考文献

[1] CALLICOT, J. Baird, et NELSON, Michaël P. (éd.), *The Great New Wilderness Debate*, University of Georgia Press, Athens, 1998.

[2] CLEMENT, Gilles, *Le Jardin planétaire. Réconcilier l'homme et la nature*, catalogue de l'exposition "Le Jardin planétaire" présentée à la Grande Halle de La Villette (septembre 1999-janvier 2000), Albin Michel, Paris, 1999.

[3] DESCOLA, Philippe, *Par-delà nature et culture*, Gallimard, Paris, 2006.

[4] DUFRESNY, Charles-Rivière, *œuvres choisies* présentées par Auger (2 volumes), Paris, 1801.

[5] HAZELHURST, F. H., *Jacgues Boyceau and the French Formal Garden*, Nashville, 1966.

[6] TIUNT, J. D., *L'Art du jardin et son histoire*, Odile Jacob, Paris, 1996.

[7] LARRERE, Catherine et Raphaël, *Du bon usage de la nature. Pour une pbilosopbie de l'environnement*, Aubier, Paris, 1997.

[9] MILNER, Jean-Claude, *Le Périple structural. Figures et paradigmes*, Seuil, Paris, 2002 (pour le développement que consacre Milner à la distinction nature-physis / nature-thèsis).

[10] NASH, Roderick, *Wilderness and American Mind*, Yale University Press, New Haven, 1967.

[11] SCHAMA, Simon, *Le Paysage et la Mémoire*, Seuil, Paris, 1999.

景观

> 沿着大道两边，即使是在平庸的画作里，满眼所见也皆是景象；但景观是具有诗意的场景，是由品位和感情选择或创造的成果。
>
> ——勒内 - 路易 · 德 · 吉拉丹[①]《论景观设计》
>
> (*De la composition des paysages*，1777)

您精疲力竭地走出茂密的树林，来到一片高山牧场，明亮的光线刺痛了您的眼睛。岩石间生长着高草，棕色的奶牛在其间漫步，悠闲地咀嚼着高草。您在一块石头上坐了下来，深吸了一口气，大口痛饮着清水。在您的身后，是湛蓝得似乎一碰就碎裂的天空，山峦间沟壑纵深，山脚下的阴影里还盖着白色的雪。也正是在此刻，您的目光投向了从脚下延伸开来的山谷（图 5）。

图 5　约塞米特山谷，冰川顶上的岩石
威廉 · 亨利 · 杰克逊，1888 年左右。
在此感谢“History Colorado”的授权（20102239）

① 译注：René-Louis de Girardin（1735—1808），较早时期进行英式风景园林的设计创作，成为英中式园林的起源之一。一直到 19 世纪中叶，他的实践对公园的创建也有着影响。

这片您登高几百米俯瞰着的谷地，并没有什么与众不同之处，它不可能让您摇身一变成为彼特拉克（Pétrarque，1304—1374）[①]，也不可能让您像那位大诗人一样在旺图山（Ventoux）顶峰被大地之美震撼到，以至于对圣奥古斯丁提出的唯有“内在美”才是正道的主张产生了疑惑。展现在您面前的空间虽如此广袤，但也只是我们这个时代的一处高山谷地罢了。冰川谷地的地形，蜿蜒盘曲的河流，与之并行的是铁路和高速公路，在快要抵达城市的不远处变成了立交桥和环岛，从城市整体上还能依稀看出过去作为工业集散地的影子，然后连通到手工业园区、大型超市及其两侧分散着占据小块地皮的大型建筑。简而言之，这是一处平淡无奇的当代城市的“大门”，集聚了各种颜色的形似火柴盒的商业建筑、停车场、围栏和高塔似的住宅楼，毗邻的是鸟瞰布局好像网球拍似的、一幢一幢的住宅小楼。在这幅画面中，在谷地与山坡上的阔叶林和针叶林之间的过渡地带，在谷地两侧农事活动痕迹已完全消失的半山腰，画上纵横道路，再在草坪上随意点缀一栋栋新乡村风格的别墅。我们便能理解这幅画面所描绘的就是一处“景象”（pays，请注意这个词），虽然看上去十分繁华，但不能提供任何视觉享受。而当您转过身去背对着山谷，呈现在面前的是截然相反的景象，您会发现高山牧场的岩石围成了一个圈，瀑布从中飞流直下，奔入湖水之中。

当第二次看到此番景色在您身上激发出强烈情感的触动之后，即格奥尔格·齐美尔（Georg Simmel，1858—1918）提出的景观情感（Stimmung）[②]，现在让我们假设您是一位地理学家，您的目光再次投向了山谷，当最初的失望散去之后，眼前这幅高山景象会重新引起您的兴趣。“典型的冰川谷地貌景观”，您一边在心中对自己说，一边从背包里掏出一架全景

① 译注：意大利学者、诗人和早期的人文主义者，被视为人文主义之父。1336年，他曾登上旺图山，面对眼前迷人的风光激动不已，但是受当时宗教思想的影响，他很快又全身心地投入到文学创作中，将美景抛诸脑后。

② 译注：格奥尔格·齐美尔，德国社会学家、哲学家。齐美尔将“景观情感”定义为某一模式化元素，是某一单元的主要载体、媒介，在人类身上，这一单元会持续不断地赋予我们整体精神情感以色彩，在人们感受这一单元的时候，这个基本元素会将各种景观片段集中在一起。

相机："完美的 U 形谷，河流、植被分布完全符合山阴坡和山阳坡的规律，几乎让人以为是从教科书中撕下的一页。"如果您的专业领域还涉及城市规划，您或许已经看到自己在为学生们讲解，地理学上的"景观价值"是如何与后工业社会发展的痕迹相结合的："请阅读安德烈·科波兹（André Corboz，1928—2012）的《土地的隐字书》（*Le Territoire comme palimpseste*），自行思考。我们所面对的正是作者描述的瑞士的一片掠影，仿佛是将城市构成的网络应用在高山谷地的背景之上，在这一网络中排布城市的超文本，就像我们今天'上网'一样，从任何地方都可以点击进入。"

现在，让我们假设您是一位研究古罗马的历史学家。一大早从莱维诺（Les Vigneaux）动身，一不留神便走上了 GR50 徒步道，一口气走到了杜朗斯（Durance）河谷而不是吉伦特（Gyronde）河谷。您是坚信汉尼拔在公元前 218 年选择取道蒙热内夫尔（Montgenèvre）而不是凯拉（Queyras），从而翻越阿尔卑斯山的专家之一，发觉自己犯了错误，不禁回忆起蒂托·李维[①]的这段话：大象一头扎向狭窄的道路，努力想要通过，但是行动迟缓。敌人或许就在前方，但敌人对大象的恐惧保障了军队的安全。阿尔卑斯山仿佛有着重重枷锁，危机四伏……

这是古迦太基战象！它们身披沉重的战甲，背上载着长矛和粮草，虽然因心理上担心再也回不到努米底亚[②]而在冰天雪地中胆战心惊，但仍然在从杜朗斯山谷延伸出的越来越窄、越来越陡峭的山路上艰难攀行。在无数次迂回辗转之后，终于抵达了蒙热内夫尔山口之巅，来到了海拔 1854 米的高处。您眼看着这些庞然大物被驱象人驱赶着，似乎自己就是高卢部族中的一员，和他们一起，笨拙地役使着仿佛从梦魇中走出来的巨型战象，在阿尔卑斯山上攀登。

---

① 译注：蒂托·李维（Tite-Live，前 59 年—17 年），古罗马著名的历史学家，他写过多部史学、哲学和诗歌著作，最出名的是他的巨著《罗马史》（原名为 *Ab urbe condita*，意为"自建城以来"）。

② 译注：北非古国名，位于今阿尔及利亚北部。

战象、步兵、披着胸甲的骑兵、军官甚至骑着高头大马的汉尼拔本人在您的想象中走过，倏忽之间，眼前这片不久前还让您觉得平庸甚至有碍观瞻的景象有了新的价值：它成了一幅令人叹为观止的“历史”景观。

这一次，您不是地理学家也不是历史学者，而是一名普通的登山爱好者，尽管大自然中充满了威胁，但您还是对安托万[①]的海上历险和乌斯怀亚（Ushuaia）[②]电视台的系列节目满怀激情。毫无疑问，这时您所看到的山谷景象不会在您的身上触发任何景观情感，您只会感到痛心和遗憾。“景观？这处城市的入口充分揭露了人们对待自然景观的手段是多么恬不知耻，这也称得上是景观吗？”您愤愤地想，或许还会加上一句：“幸运的是，我还可以转过身去。湖光、天色、岩石间的湍流，这才能够称之为景观！”

让我们再一次转换视角。现在您是一位摄影师，作品正在画廊展出。对于您这样一心想要成为时代见证者的人而言，感到痛心的，并不是脚下这座山谷的庸俗，而是它与您的同时代作品并没有任何区别之处。“毫无疑问，它们无可救药。”您自言自语道，同时想起了近期举办的关于“法国人心中的最美风景”的调查，“他们还是执迷不悟地痴迷着邮局挂历以及选举宣传单才会用的装饰画——用一种明信片风格的宣扬着‘秀美法兰西’（douce France）[③]的村庄景色做背景，突兀地衬托出某位候选人的脸，比如1981年的那位，还配有‘平静的力量’的宣传口号！”对于从电影《节日》（*Jour de fête*）中走出来的这幅法兰西画卷，对于伪装成纯天然风光的高山河流，您没有任何兴趣。作为一位艺术家，您追求的是新意（nouveau）。能让您心潮澎湃的，是当下的每一刻，即使是

① 译注：路易斯·安托万·德·布干维尔（Louis Antoine de Bougainville，1729—1811），法国海军军官，是法国第一位完成环球航行的探险家。

② 译注：阿根廷火地岛省的首府，位于大火地岛南岸，坐落在群山环抱之中，可远眺比格尔海峡，曾被认为是世界最南端的城市。

③ 译注：应源自《罗兰之歌》（*La Chanson de Roland*），是指“法国意象”。《罗兰之歌》是一首11世纪法兰西的史诗，它是现存最古老的法语文学作品，在各个手稿中皆有提及。其中写道，濒死的罗兰望着西班牙，回想起他的战功和秀美法兰西。

肮脏而丑陋的。“流逝的景观”[如垃圾、采石场、荒地，这是美国艺术家罗伯特·史密森（Robert Smithson，1938—1973）在 20 世纪 70 年代提出的概念]以及更广泛意义上的“平凡”的现代景观，都是您拍摄的对象。您并不是要哗众取宠，您只是想展现事物原本的模样。而对美丽的湖水、壮美的瀑布、震撼人心的石圈……您没有兴趣，认为那是老生常谈了。而山谷中挤满建筑及各种基础设施，超级市场被淹没在车海里，工厂厂房涂着媚俗的装饰，在您看来这番景象才能代表我们所处的时代。大家认为这番景象很难看？那又有什么关系呢。十几年后，他们就会觉得这些很美，因为那时这番景象已经快要消失在历史中。

这则故事要说明什么道理呢？那就是在不同人的眼中和心中，同样一幅“景象”（pays）可能会成为不同“景观”（paysage）的“载体”，也包括“零景观”（paysage zéro）。“景象”与“景观”是两种完全不同的存在。没有实际的景象便不会有景观，景象可以被人类活动改造加工，人们这么做不是为了创作艺术品，只是各尽其责——这种态度便是他们的艺术意愿（Kunstwolle）。当然，假如没有各项科学让我们探索景象的真面目，那我们也不可能真正读懂眼前的景象。所以说，一种景象只有在它的某一方面（如美学上的、情感或是记忆中的）激发了特定观者或体验者的某种情绪时，才能够成为景观，而这种情绪本身也是与其所处的文化世界密不可分的。

这就是为什么景观是一种双重意义上的文化存在。一方面，因为造就景观的景象，无论表面看起来多么荒蛮，其实都是大自然与人类劳动共同作用下的产物，所以本身就已具有了文化意义；另一方面，景象只有在激发了某种个人和集体的情绪时才能成为景观，这也是为什么景观的概念绝不仅仅局限于物质的景象，也不只是对景象的整合重现，景观这一概念是两个维度的混合体。

对个人和集体情绪进行具体说明很重要。如果说景观是"在一处感性的场所与一个敏感的生命相遇之时"应运而生的话（皮埃尔·桑索）[1]，那么每一时期同样也有承载着某种特定的集体感受和集体文化的载体，它们普遍存在，凭借对教育、艺术的价值传承多少占据主导地位，这就是艺术熏陶过程的由来。要实现从景象到景观的转变，可以通过艺术，比如阿兰·罗热[2]的理论；或者通过技艺，比如马克·德波特（Marc Desportes，1961—）研究的视线法和移位法；抑或通过时尚和媒体——第一个方法就是通过电视机。

在以上我们设想的各种情况中，这位徒步登山者很狡猾，因为在为他假设各种身份时，我完全忽视了他本人是否认可这些景观所呈现的价值。而这种限定，无论有意还是无意，无论强还是弱，都是专业景观设计师在工作中需要考虑的重要条件。作为艺术家，应该具有超越当前景象的能力，也就是说，能够一眼看透其中的独特之处，就像18世纪的英国景观设计大师兰斯洛特·布朗（万能布朗）。据说这位大师拥有一种能力，能够洞悉普通人注意不到的地方，也就是说，他能从目前还是贫瘠一片的荒地上看出其潜在的景观价值。但作为重塑地貌的专家，还需要获得公众的认可，否则他的伟大设想永远只能停留在案头。由此产生了一条必须服从的规则：在接受他人意见的尺度与不屈从于大众品位的决心之间找到可能的最佳平衡点。这样做的后果可想而知，景观必须接受公众的评判，在民主社会里，这种评判强调的是妥协和制度，因此景观必然会成为具有政治性的存在。还有关键的一点是，景观的处理是反映社会关系的最可信也是最敏锐的指标之一。

从高山牧场大踏步走下山坡，您现在来到了湖边。一来到岸边您就发现，湖水并没有从远处看起来那么清澈，从湖面上长势异常旺盛的水

---

① 译注：皮埃尔·桑索（Pierre Sansot，1928—2005），法国社会学、哲学及人类学专家。

② 译注：阿兰·罗热（Alain Roger，1936—），法国作家、哲学家，尤其以景观理论见长，出版过众多著作，1991—2001年于巴黎拉维莱特建筑学院"园林、景观、地域"DEA硕士教学项目任教。

生植物来看，这片水体已经受到了富营养化的侵袭。“高山湖泊中也积累了氮和磷！”您痛心疾首地感慨道，因为这一次，您的身份是一位经验丰富的生态学家。您意识到，在这片盆地中，湖水不仅来源于高山上的河流及降水，也通过缓慢的渗透作用，吸收着来自遥远的玉米种植高地处的地下水。“显然，将景观与环境混为一谈是荒谬的。”您思考着，“正如我的同事布朗丹（Blandin）和拉莫特（Lamotte）所主张的，应当抛却‘景观生态学’（Landschaftsökologie）这一概念，使用更为准确的‘生态集群’（écocomplexe）。借用他们的话说，一处‘生态集群’即使被污染，也依然能够‘产生无尽的景观，因为每个个体都有自己独特的视角’。就这样，两个概念之间有了明确的分界线，前者属于科学范畴的‘环境’，后者属于感性范畴的‘景观’，二者虽互为补充，但无法相互替代。”

再向远处走几步，您便能感知其中的细微区别了。“如果没有污染，这片湖泊会有不错的景观价值。”您一边想着，一边走进了森林，树下堆积着干枯的针叶，好似厚厚的地毯，您不禁想道：“吉尔·克莱蒙将生物多样性是丰富还是贫瘠作为判断景观价值的标准实在是太对了。被他称之为‘第三景观’的被人类的技术所遗弃的地带，与被工业和农业统治下的景象相比，呈现出更丰富的价值，包括情感上的价值，我现在所处的这片森林正是如此。”

景观是脆弱的，是一笔岌岌可危的财产。现代欧洲国家出台了越来越多的法律、政令、公约和鼓励性措施来保护这笔财产，这使得景观又具有了政治和法律层面的意义。

确实，景观是自然和历史传承下来的遗产，需要加以保护。在漫长的时日中逐渐形成的景观构成了“风土”（milieu）中最主要的一方面，而正如布罗代尔[①]所言，是风土铸就了不同个体和不同文明的独特性——尽管对布罗代尔所使用的“身份”（identité）的概念还需要斟酌。另外，

---

① 译注：费尔南·布罗代尔（Femand Bmudel，1902—1985），法国历史学家，年鉴学派的第二代代表人，提出了著名的长时段理论，被誉为 20 世纪最伟大的历史学家之一。

作为旅游资源，美轮美奂的景观还能成为重要的经济资源。

然而，如果将景观的概念简单地等同于遗产，那就错了。

第一点原因在于，历史始终在创造新的景象，并且速度越来越快，范围越来越广。出于美学或生态方面的原因，新的景象或许会引起质疑，有时甚至会产生猛烈且意料不到的后果。但这些新的景象确确实实也是人类探索历程的表现。当然，此处我们所说的新的景象，其实便是新的景观。以保护原有景观的名义禁止新的景观出现，无异于剥夺新一代景观存在的权利，同时也忘记了现在我们所喜爱的景观当初也是作为新生事物出现的，它们也曾取代旧有的一代。

但这还不是全部的原因。我们应该注意到，作为历史的产物，景观价值所受到的评价也处于不断的变化之中。亚伦·罗热、阿兰·科尔班[①]以及西蒙·沙玛等人关于景观的作品充分论述了这一点，蒂罗尔州（Tyrol）便是绝佳的例证。孟德斯鸠曾在日志中提到，这是一片“丑得可怕”的土地，但在浪漫主义兴起之后，蒂罗尔州却成了一处闻名遐迩的胜景。再看塞纳河和马恩河沿岸的城市周边景观——庸俗的小咖啡馆、铁路、小作坊、栽着柳树和椴树的草坪、惨淡的河岸和小船，在印象派画家的“创作”之前，几乎没有人赏识。而今天让某位摄影师声名鹊起的“航拍景观”，更是我们的前辈完全无法想象的，但这也在情理之中。

因此，景观不等于景象，但倘若没有对特定景象中所蕴含的自然和历史加以感性的解读，景观也无法立足。

景观不等于环境，但一处景象所能具备的生态系统多样性与景观的品质息息相关。

景观不是必须存放在保险柜里的遗产，但作为集体文化遗产，景观

① 译注：阿兰·科尔班（Alain Corbin，1936—），法国历史学家，是19世纪法国微观历史和感官史的专家。他的作品主题广泛，包含欲望、嗅觉、听觉等的感官体验，对感官史的创新性研究获得了国际认可。

必须得到尊重。

景观不是政治和法律的产物，但面对强大的技术与市场，景观的规划和发展不可能脱离法制和政治决策。

最后，景观也不等于园林。

如果说景观就是从自然化的景象中截取一小段片段，那么这种精神上的举动绝不是画地为牢。准确地说，所有的园林都有一位所有者，或许就是公众，也可能是园林的设计者和维护者，而景观却属于创造它、决定它的存在的人。对于这一平常的事实，人们会反驳说，在一片特定的地区景象上，通过积极想象的力量，赋予其一系列象征意义、回忆和与之相关的内涵，以至于从某种程度上说，景观设计是在将景象据为己有。尽管这种侵占的势头可能会十分猛烈激进，但终究是非物质层面的，是诗意的，“是品位和情感的创造”，吉拉丹侯爵如是说。

这也是为什么，景观并不是由建造某地景象的人创造的，而是由到访此地的人创造的，绝大多数时候都出于机缘巧合。第一批人——农民、采石工、工程师、建筑师、城市规划设计师、建筑工人——以生产为目的来打造这片土地；第二批人——流徙谪居的中国文人、在乡村别墅享受声色犬马的古罗马贵族、作家和今天的旅游者——则在前人劳动、创造过的土地上看到了景观。

第一批人 [园艺师和景观设计师除外，这二者介入是对自然环境（in situ）进行改造] 是从客观事实（in actu）的角度看待土地，后一批人则是从视觉感受（in visu）上考量景观，二者都是创造过程中的主角，共同将西塞罗所说的“第一自然”转化为景观。

这难道是说，园林与景观之间没有密切的关联吗？当然不是。我要再次强调，所有的园林都是一片微缩天地，即通过还原、借代、隐喻、转化、含混等手段构建起的有机整体。规则的园林意在体现出理性凌驾于感性之上，以完美的几何图形和比例尺寸展现符合柏拉图学派理念的自然或景象，相互之间呈现出和谐的关系。而野性的或者说不规则的园林则会展现出一连串看似浑然天成的景象，其中的“偶然性”不但没有被消除，反而得到了强调或修饰，此时感性便凌驾于理性之上。

正因为此，康德不无道理地将园林艺术视为另一种形式的绘画，一种在他看来表现了“与思想紧密相连的艺术的感性一面”。康德写道，第一种形式，是“传统意义上的绘画”，或者说是“在画布上再现美好的大自然”；而第二种，也就是园林艺术，是对土地上的自然物产加以美化之后，使之更好地组织在一起，这种形式也就解释了为什么今天我们有时会将艺术称为“装置”。

相反，如果在某一处天然场地上看到一片“自生花园”，它具有独特的造型或色彩之美，那么这种情况也切实存在。但这种情况就得归为当代艺术中的另一大类——现成品艺术（ready made）了，可也只是部分程度上可以归属到此类，因为这其中没有意义的转换，而不像马塞尔·杜尚（Marcel Duchamp，1887—1968）的那个著名的小便器——在署名“Richard Mutt”之后便失去了原有的功能意义。[①]

因此，景观和园林是两个不同的主体，但他们之间的联系是如此密切，以至于某些部分已经不可分离。如果我能陪着那位我想象中的登山者一同漫步的话，那么不管其中的相异性和相同性有多么令人费解，我都会像拉封丹阅读《驴皮记》那样，从中获得极致的乐趣。

① 译注：杜尚于1915年到美国极力鼓吹达达艺术。1917年2月，他在一个小便器上署上“R.Mutt”（美国某卫生用品的标记），之后送往纽约独立美术家协会展厅，取名为《泉》，当时引起了强烈的反响。他解释说：“一件普通的生活用具，予以它新的标题后，能使人们从新的角度看待它，这样，它原有的实用意义就丧失殆尽，却出现了新内容。”人们称此为“现成品艺术”，这一方面表明他对传统艺术形式的嘲弄，另一方面表明一种新的艺术创造途径。

本章参考文献 *①

[1] ASSUNTO, *Rosario, Retour au jardin. Essais pour une pbilosopbie de la nature*, 1976-1987, textes reunis, traduits de litalien et presentes par Herve Brunon, ed. de L'Imprimeur, Besancon, 2003.

[2] BARIDON, Michel, *Naissance et renaissance du paysage*, Actes Sud, Arles, 2006.

[3] BERQUE, Augustin, *La Pensee paysagère*, Archibooks/Sautereau, Paris, 2008.

[4] BERQUE, Augustin (sous la dir. de), *La Mowvance Iet II*, ed. de La Villette, Paris, 1999 et 2004.

[5] BESSE, Jean-Marc, *Voir la terre. Six essais sur le paysage et la geograpbie*, Actes Sud, Arles, 2000.

[6] BLANDIN, Patrick, et LAMOTTE, Maxime, article "Paysages (environnement)", *Encyclopedia Universalis*, 1996.

[7] BOULOUX, Nathalie, "A propos de l'ascension du mont Venoux par Petrarque: reflexions sur la perception du paysage chez les humanistes italiens du XIVe siecle", revue *Pages-Paysages*, no5, Versailles, 1994-1995.

[8] CLEMENT, Gilles, *Manifeste pour le Tiers-Paysage*, Sujet/objet, Paris, 2005.

[9] Collectif, *Le Jardin du lettre. Syntbese des arts en Chine*, ed. de L'Imprimeur, Besancon, 2004.

[10] COLLOT, Michel, *Les Enjeux du paysage*, Ousia, Bruxelles, 1997.

[11] CORBIN, Alain, *L'Homme dans le paysage*, Textuel, Paris, 2001.

① 译注：* 代表一个选集，因为景观是大量历史、理论等作品的主题。

[12]CORBOZ, Andre, *Le Territoire comme palimpseste et autres essais*, ed. de L'Imprimeur, Besancon, 2000.

[13] DESPORTES, Marc, *Paysages en mouwuement*, Gallimard, Paris, 2004.

[14] DONNADIEU, Pierre, *La Societe paysagiste*, Arles, Actes Sud, 2002.

[15] GIRARDIN, Rene-Louis de, *De la composition des paysages, ou Des moyens d'embellir la Nature autour des habitations, en joignant l'agréable à l'utile, suivi de Promenade ou Itinéraire des jardins d'Ermenonville*, réédition et postface de Michel Conan, Champ Vallon, Seyssel, 1992.

[16] JACKSON, John Brinckerhoff, *A la découverte du paysage vernaculaire* (traduit de l'américain par Xavier Carrere), Actes Sud, Arles, 2003.

[17] KANT, Emmanuel, *Critique de la faculté de juger*, trad. A. Philonenko, Vrin, Paris, 1993.

[18] PETRARQUE, Francesco, *L'Ascension du mont Ventoux*, Mille et Une Nuits, Paris, 2001.

[19] RITTER, Joachim, *Le Paysage et sa fonction dans l'esthétique moderne*, trad. de l'allemand par Gérard Raulet, ed. de L'Imprimeur, Besancon, 1999.

[20] ROGER, Alain, *Court traité du paysage*, Gallimard, Paris, 1999.

[21] SANSOT, Pierre, *Variations paysagères*, Klinksieck, Paris, 1983.

[22] SIMMEL, Georg, "Philosophie du paysage" (1912), dans *La Tragédie de la culture et autres essais*;Rivages, Paris et Marseille, 1988.

科学

> 所以园艺中真的会有欢喜，也会有忧愁，且真的是欢喜往往来自机智且活跃的园艺师，而忧愁无可避免地要降临到懒惰而笨拙的园艺师头上。
>
> ——让－巴蒂斯·拉坎蒂尼（Jean-Baptise La Quintinie）
>
> 《果蔬园培育指南》（*Instructions pour les jardins fruitiers et potagers*）

无论是以创造对抗自然还是以自然对抗创造，所有的园林都是技艺的展现。然而，当人们对园林致以种种赞誉之时，往往会忘记很多园林在过去和现在都是名副其实的实验室。园林与植物密不可分，而说起园林在科学方面的贡献，首先跃入脑海的便是植物学、园艺栽培法和农学。

古希腊在这些领域具备一套相对完善的知识体系。作为亚里士多德学说的践行者，提奥夫拉斯图斯（Théophrastus，约前 371—约前 287）在《植物的历史》中致力于区分各种植物的不同器官及其各自的功能。之后的迪奥科里斯（Dioscorides，约 40—90）的《药物论》，正如书名所示，这是一部集中研究植物疗法的著作，在从古罗马时代到欧洲中世纪的数个世纪中，它都被作为实践的参考资料，尽管书中编录的六百种植物仅有概述性的记载。至于普利尼（Pline，23—79）和科鲁迈拉（Columelle，4—70），在更热衷于实践胜于理论的古罗马，他们关注的重点是对当时的农业技术进行修正和推广，但是对真正意义上的植物学兴味索然。

尽管这套知识体系有诸多缺陷和错漏，但它在罗马帝国的广袤土地上促进了豪华花园艺术的发展，而由数百名奴隶打理的乡村花园住宅网络也推动了农业的繁荣。但这门智慧及其经济效益都随着帝国的覆灭而毁于一旦——至少在西方是的。因为在东方，这份遗产被穆斯林学者们收集起来并予以丰富，这些学者来自古老的城市文明区域：古埃及、波斯、美索不达米亚［正是在美索不达米亚建造了名动天下的古巴比伦空中花园，让哈伦·拉希德（764—809）的巴格达熠熠生辉，之后，同在阿拉伯统治下的安达卢斯（Al Andaluz）也重现生机］。而与此同时，同为穆斯林的来自阿拉伯沙漠的居民们却在毁林开荒，摧毁古罗马版图中北非地区的富饶农业。

如果要用一个词来描述安达卢斯与同一时期基督教统治下的欧洲有什么不同的话，或许没有比“园林”更合适的词了。安达卢斯并非只有格拉纳达闻名于世的赫内拉利菲宫以及科尔多瓦和塞维利亚的花园，与经历了所谓的“蛮族”侵略之后便故步自封于森林的欧洲相比，整个安达卢西亚地区仿佛是一座大花园。根据《罗兰之歌》的记载，罗兰和奥利维（Olivier）在面对撒拉逊人的壮美国度时所表现出的叹为观止，便证明了这一点。除此之外还有公元10世纪起在科尔多瓦出版的若干部园艺学和农学专著，例如伊本·阿勒-阿瓦姆（Ibn al-Awwam）的《农事书》（12世纪末），以及伊本·鲁伊恩（Ibn Luyun）的《论农业》（1348）。这些著作分门别类地记载了果园和菜园种植的不同方法，还记述了已经相当完备的灌溉技术，即对伊拉克古代水利技术流派（“摩西之子”巴努·穆萨兄弟、卡拉吉、加扎利等人）的传承或演变，摩洛哥学者穆罕默德·法伊兹（Mohammed El-Faiz）的研究也证明了这一点。

文明终有消亡的一天。基督徒为驱逐摩尔人发起了收复失地运动，加之内部的战争、腐败及宗教激进主义的盛行，内外交困之下，安达卢斯最终也走向了衰落。而在同一时期，新的力量也在意大利城邦内部渐次兴起。威尼斯与东方也展开了贸易往来，开始了解中国。在锡耶纳市政厅的要求下，安布罗吉奥·洛伦泽蒂（Ambrogio Lorenzetti，1290—1348）绘制了壁画《好政府与坏政府的影响》，表达了幸福的乡野与其说是天赐的礼物，不如说是政治清明的结果的思想。主教座堂的门厅利用镜面效果巧妙地描绘出佛罗伦萨圣洗堂的景象，布鲁内莱斯基（Brunelleschi，1377—1446）借此创造了透视法，而皮克·德拉·米兰多拉（Pic de la Mirandole，1463—1494）和马尔西利奥·费奇诺

（Marsilio Ficino，1433—1499）则将“人文主义”上升到了理论层面。在巴黎，索邦大学正在进行一场关于“双重真实性”的讨论，认为永恒的精神存在与短暂的现实存在或许可以有条件地共存。接着，在德国美因兹出现了印刷术。

随着里斯本、热那亚或塞维利亚航海家不断更新和扩充的探索发现，这场兴盛引起了一场前所未有的精神和物质上的革命。

这个“现代时代”的兴起让欧洲逐渐成为一个与世界其他部分脱节的实体。最好和最糟的事物都发轫于这一时期的欧洲，如真正符合今天语境意义的科学和文化、资本主义、殖民运动、民主、文明的进步及大规模杀伤性武器，而在这一切的背后，是被马克斯·韦伯（Max Weber，1864—1920）称为“世界之幻灭”的社会习俗和联系的世俗化。在巨变的整个进程中，最初的苗头几乎无法觉察，但其后果却以越来越快、越来越激烈的方式显现出来，甚至时至今日，已经到了能够撼动这场巨变的核心和原动力的地步——科学技术让人们对未来充满展望，“人文主义”这个概念本身也受到了“机器人威胁论”的冲击，植物学也未能幸免。

科学的历史总是伴随着园艺学和农艺学的发展，与之相关的研究数不胜数。这段历史经历了无数的进程、探索、历险，引发了无数的激情、勇气、观察力、耐心、坚持和争论，见证了超越常人的卓绝人物的出现，它形成了一座传奇般的宝库，记载着各种各样的精彩情节。最近有好几部法国著作都从这座宝库中汲取了养分，如在弗朗西斯·阿雷（Francis Hallé，1938—）和皮埃尔·柳塔吉（Pierre Lieutaghi，1939—）指导下出版的巨著《植物的起源》（*A l'origine des plantes*）、让-马克·德鲁安（Jean-Marc Drouin，1948—）的《哲学家的植物志》（*L' Herbier des philosophes*），还有露西·亚洛吉（Lucie Allorge，1937—）的《植物的奇幻之旅》（*La Fabuleuse Odyssée des plantes*）等。

位于巴黎的法国国家自然历史博物馆，曾是自然历史的中心，至今仍具有世界上规模数一数二的植物园。植物学家露西·亚洛吉得以在此处施展自己的才华，孜孜不倦地描绘着这段生命力依旧蓬勃如初的历史。而我在这里还要补充三段逸事，每一段的核心都是一座或数座园林。

露西·亚洛吉很重视16世纪意大利艺术在现代植物学诞生中的重要作用。正是在帕多瓦、博洛尼亚和佛罗伦萨出现了两项在未来起到了决定性作用的创造——卢卡·吉尼（Luca Ghini，1490—1556）的植物志以及在彼得罗·安德里亚·马蒂奥利（Pietro Andrea Mattioli，1501—1577）推动下建起的帕多瓦植物园。与植物学界的大部分发明创造相比，上述两项并不是纯粹意义上的创造，而是荟萃了植物收集者长期工作的成果。在同一时期，帕多瓦大学还开设了一座医学院专用的草药园（1222）。卢卡·吉尼的创造可以说是一场革命，他采用了全新的具有革命性的植物收集法，这个方法至今仍在使用。具体操作是将在自然界中采集的植物样本经过干燥（夹在两片吸水性强的纸片中间）之后，放在重物下压实，然后再次进行干燥处理，随后清除其中的虫卵或幼虫，再将植物样本粘贴在硬纸上，此时植物样本的性状几乎不会再发生变化，可以在硬纸上逐一记录下样本的特性，便于以后进行分类，最后收入不断扩充的植物志中。另一个具有决定意义的现象是，随着帕多瓦植物园的创建，植物学与传统认识论（包括中世纪草药园的理论）开始决裂，新的植物学很快在意大利的比萨、佛罗伦萨、博洛尼亚，荷兰莱顿，德国莱比锡和法国蒙彼利埃创立了自己的学派，并且在一个世纪之后促成了巴黎皇家花园（巴黎植物园的前身）的建立。

不过，要使这段历史发展成环环相扣的研究和阐释，并推动中世纪晦涩难懂的“医学”走向真正的植物学，还缺失了其中关键的一环。而补全这一环的，是一篇题为“文艺复兴时期的秘密花园”（*Jardins secrets de la Renaissance*）的论著，其中介绍了一些在今天看来似乎缺乏理性的思想和行为，如几何学的花哨物件、秘传学说、神秘学、星象、炼金术等。

这部论著的作者盖恩塔纳·拉马什－瓦戴尔（Gaëtane Lamarche-Vadel，1947—）写道，中世纪封闭的花园并未从意大利文艺复兴式的豪华别墅中消失，而是在16世纪的意大利与时俱进，演变成了秘密花园（giardino segreto）。从某种程度上说，秘密花园就好像房主的私人套间，秘密花园相对于整座大花园所起到的作用，就好比小密室相对于整座别墅的意义，它是荟萃精华的核心所在，是露天的小型陈列室。在那里，在主人的精心培育之下，生长着来自异域的珍稀植物，或者习性、形状、规格和颜色令人着迷，或异乎寻常，或危险无比的植物。这些植物分类有什么标准吗？由于缺乏关于秘密花园的描述——因为它们是“秘密的”——盖恩塔纳只好以16世纪的医生、哲学家和艺术家关于植物和花园的记录文献，重新构建了几种可能的类别。

以新柏拉图主义几何学的和谐原则为基础，一众人等建立起的几何化设计，例如以弗朗西斯·雅茨（Frances Yates，1899—1981）所研究的“记忆剧院”为范例仿制的“植物剧院”；以星象学为灵感的分类方式，其依据是赫尔墨斯·特里斯墨吉斯忒斯及其后继者，佛罗伦萨新柏拉图主义大师马尔西利奥·费奇诺（Marsile Ficin，1433—1499），在其著作《生命三书》（Les Trois Livres de la vie）中所阐释的理论；对于乔万尼·巴蒂斯塔·德拉·波尔塔（Giovanni Battista della Porta，1535—1615）所创造的类比系统，钟情于神秘学的哲学家在著作《植物大全》（Phytognomonica）中从“动物的角度及人脸和器官的角度”来观察花草树木，与帕拉塞尔苏斯（Paracelsus，1493—1541）的思想类似，后者认为荨麻针刺般的痛感是对抗“内脏剧痛”的良方，以及马兜铃中含有“以形补形的抗癌秘药”。而这些分门别类的尝试无论是与后来米歇尔·亚当森（Michel Adanson，1727—1806）和贝尔纳·德·于西奥（Bernard de Jussieu，1699—1777）所代表的“自然”分类派，还是与卡尔·冯·林奈（Carl von Linnaeus，1707—1778）发明的，让植物学在18世纪成为科学的“人工”分类法都大相径庭。对现代人而言最难理解的是，帕多瓦植物园在初建之时正是依照先前不久刚刚出现的几何学规范排布的。这是一个几何形状的拼图，其中的关键藏在一本题为“作为花园复制品来设计”的《帕多瓦园圃》（*Horto di Padova*）的小册子中；与此同时，草药园中所包含的“帕维隆秘密花园”被植物学家兼炼金术师扎诺比奥·波奇（Zanobbio Bocchi）照搬到了天空星图中，此人在 1603 年被任命为现场负责人。

亚历山大·柯瓦雷（Alexandre Koyré，1892—1964）在关于现代科学诞生的研究中，针对性地研究了牛顿和伽利略之后，发现了一个悖论：现代科学恰恰是从传统中，从亚伦·费福尔（Alain Faivre）等专家为我们展示的“西洋神秘学”中诞生的。只有自由自在的思想，只有随时准备响应时代召唤、参悟自然奥秘、敢于打破正统律令的桎梏乃至以身涉险的思想，才能超越教条、革新创造，为此不惜付出生命甚至自由的代价，就像乔尔丹诺·布鲁诺（Giordano Bruno，1548—1600）和托马索·康帕内拉（Tommaso Campanella，1568—1639）。简而言之，要想打开被教条的枷锁紧锁的门，就得敢于思考。笔者很高兴看到，花园在 16 世纪的意大利，在这场破旧立新的进程中，也发挥了自己的小小作用。

笔者为露西·亚洛吉补充的第二座植物实验园并不像 16 世纪意大利的秘密花园那样掩藏在神秘的壁垒之后。可以说，这也是一座迷人的花园，尽管并没有那么为公众所熟知。现已纳入法国凡尔赛国立高等景观设计学院的凡尔赛宫的国王菜园（Potager du roi），一直保持着最初的模样。从 1677 年开始，让 - 巴普蒂斯特·拉坎蒂尼（Jean-Baptiste de La Quintinie，1626—1688）正是在这里施展着自己的才华。

其实，拉坎蒂尼所接受的教育没有任何为园艺而设的内容。他是来自法国外省的小贵族阶级，早年在普瓦提埃耶稣会中学学习法律和哲学，因为成绩优异，年仅 25 岁便被任命为巴黎最高法院律师和王后的御用审查官。审计公会会长让 - 唐波诺（Jean-Tambonneau，约 1606—1684）注意到了他的才华，这位富甲一方的高级官员让拉坎蒂尼做了自己儿子小米歇尔的家庭教师。当时，唐波诺刚刚让建筑师路易·勒沃在圣日耳曼区兴建了一座公馆，拉坎蒂尼便在这里安顿下来，悉心教导小米歇尔。也正是在这里，在与宅邸相连的宽敞花园中，家庭教师拉坎蒂尼对园艺燃起了激情。1656 年，他与自己的学生一同开启了前往意大利的“盛大之旅”，在此期间他游历了包括蒙彼利埃植物园在内的数座植物园，更是让这种激情在他心中扎下了根。

回到巴黎后，拉坎蒂尼做出了心中的选择：他将成为一名园艺师，准确地说是一名园艺家。在研究木本和草本植物的生理学时，他对植物的生长方面很感兴趣，认为植物的生长可以用来理解自然和社会的律法。他不断进行实验、嫁接、扦插、栽种、育根、锄草、移栽，乐此不疲。花蕾、花朵、叶片、树枝、根系，无论是蔬菜还是水果，无论是本土植物还是外来物种，任何植物的任何部分都逃不过他的眼睛。加入柯尔贝尔（Colbert，1619—1683）在不久后创立的法兰西学院并不是他的最终目标，他的雄心壮志更注重实践而非科学研究——他要为法国的厨师供应最优质、最罕见、最鲜美的水果和蔬菜。

很快，他的名声便在贵族中传播开来。人们议论纷纷，认为他是巫师，是奇迹的创造者，“是一位能在三月份种出草莓的园艺师！”富凯（Fouquet，1615—1680）请他前来打理自己的子爵城堡，“大郡主”请他前往自己的封地舒瓦齐（Choisy），柯尔贝尔请他前往自己在索城的庄园，而路易十四则在 1665 年将他任命为“国王的御用园艺师”，并将数座私宅都交给他打理。1670 年，拉坎蒂尼被任命为“果蔬园总督管”。1673 年，他荣登“国王的御用园艺总管”之位。

与此同时，宫廷的人数也在不断增长。而路易十四又是一位讲究食馔、热爱时令蔬果的国王，不仅仅是为了满足口腹之欲，也是为了让人真切地感受到号令天下的王权。因此，1677 年，国王命拉坎蒂尼打造一座在世界其他任何地方都难得一见的菜园，一座可以收获反季节作物的种植园，除了在冬季呈上草莓之外，还要在十二月和一月种出芦笋和卷心菜，在四月种出豌豆，并在六月为国王呈上他心爱的水果——无花果。

拉坎蒂尼对土壤很有研究，在他去世后出版的著作《果蔬园培育指南》(1690)中，对各种土壤的不同特性和改良方法都给出了详细的解释。因此，拉坎蒂尼最初想要将这座试验性的菜园设在沙尼（Chagny），那里的土质更适合开发这样的菜园。但是，国王希望能够在“任何自己高兴的时候”来到自己的菜园赏玩，还要求这座菜园必须位于凡尔赛宫附近，而且要和其他奢华的王宫花园区别开来。于是，国王选择了瑞士湖（pièce d'eau des Suisses）畔的八公顷土地，菜园与湖之间隔着的便是今天的拉图奈尔路（rue de la Tournelle）。曼沙特负责完成菜园的砖石工程，在大规模的土石填方和土壤改良工作之后，拉坎蒂尼将这个之前一直被称作“臭水塘”的地方改造成了一座果蔬园，不但出产丰美的作物，而且在视觉上是一种美的享受。

在挡土墙围绕的广阔台地上，由16片菜地构成了大苗圃（Grand Carré），周围是一圈环形的开阔池塘，同时配有用于灌溉菜园的出水口。在大苗圃周围，是29座小花园，也有挡土墙围绕，与周围的储藏室、温室、橘园、无花果园、瓜园和园丁小屋一样，根据所种植的作物营造出特别的小气候。在所有果菜地中，桃园是最高点，园中的植株沿东西方向倾斜排列，以便最大限度地沐浴阳光。拉坎蒂尼利用了近在咫尺的国王御用马厩，为菜园提供了大量的粪肥，通过精心选择的方位朝向、遮阳棚和玻璃罩，专心致志地“微缩模仿”（这是他自己的话）阳光和热量的效果，以促进植物的生长。

每一天，拉坎蒂尼都在日志中记录各种观察发现和实验结果，致力于弄清植物汁液（他将其类比为动物的血液）和植株的体型在水果种植中起到的作用。这项研究在他的农事书中占据了重要的份额，从这一点上看，拉坎蒂尼可以说是阿尔诺·德·昂蒂利（Arnauld d'Andilly，1589—1674）的后继者。这位德·昂蒂利在皇家港（Port-Royal）隐退之后，试验了一些超越“肉眼能见的”外形的新技术，并在一本低调地署名为“埃努维尔城的勒让德尔神甫”的《果树栽培法》（*Manière de cultiver les arbres fruitiers*，1652）的书中一一记录下来。

拉坎蒂尼对古希腊古罗马的原著颇有研究，时常在自己的作品中引述古人的观点，尤其推崇古人理性而严谨的“实验性操作法”。

这种物理学家一般的精神为他赢得了现代派阵营的代表人物夏尔·佩罗（Charles Perrault，1628—1703）的尊重和赏识。佩罗认为在自己的著作《本世纪法兰西杰出人物》（*Les Hommes illustres qui ont paru en France pendant le siècle*，1697—1700）中为这位已故的友人编写一个词条还远远不够，于是亲自为拉坎蒂尼的著作《果蔬园培育指南》作序（该书出版于1690年，即拉坎蒂尼去世两年后）。在序言中，佩罗为拉坎蒂尼写了一首讲究韵律的田园诗，以诗文颂扬了这位孜孜不倦的探寻者，这位“举世罕见的天才”。拉坎蒂尼的发现和进行的实验被译为欧洲的各种语言，是未来一整个世纪农学发展的源头。

诚然，拉坎蒂尼的许多栽培理论已经被后世推翻；诚然，国王的菜园排场极尽铺张奢华，因此无法作为现代实验性植物园的典范进行复制和推广。但是，这座植物园仍然是一座荟萃了各种奇迹的宝地，并且这些奇迹至今仍在，仍然向人们展示着各种奇观。游客在欣赏了园中美景之后，便可在路旁小店里买到菜园出产的各种产品。

如果说拉坎蒂尼是一位杰出的园艺栽培师，那么勒·诺特便是巴洛克时期打造兼具娱乐性和功能性园林的当之无愧的造园大师。不过，大家或许对勒·诺特在土地整治规划方面的理论及所进行的实践探索不那么了解，而这其实是他的成就中非常重要的一部分。实际上，凡尔赛宫的花园和猎场所构成的整体便可以视为一座巨型露天实验室，在那个时代，它是一个科学的大舞台，最博学的研究者们在那里进行试验，上演着土地测绘和高程测量技术、林荫道和花坛的布局定线工作以及排水和引水工程设计。在此基础上，再加上沃邦的工作成果，便形成了长期在法国占据主导地位，也在众多西方国家大行其道的城市规划和国土整治理念（图6）。

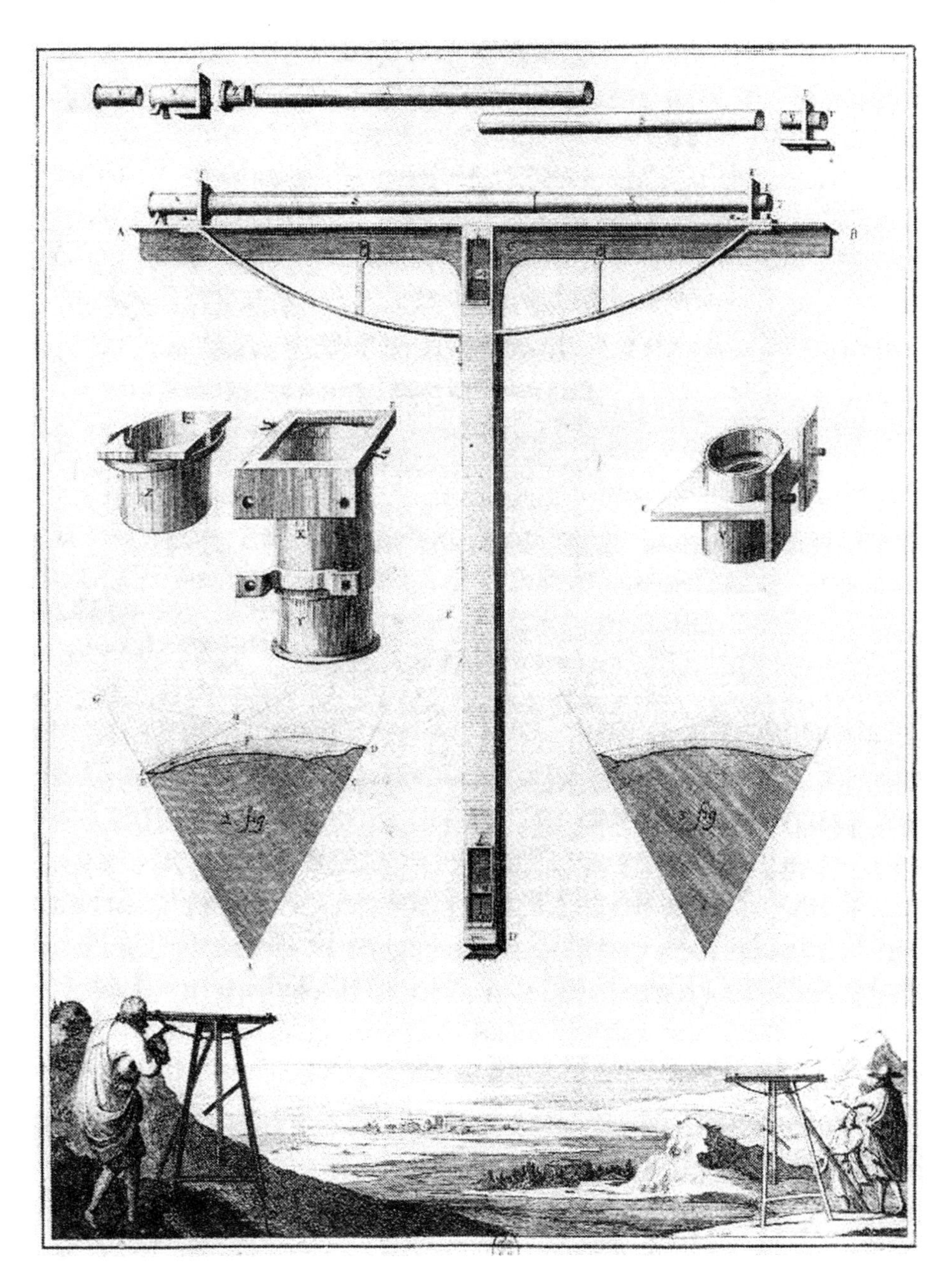

图 6　用于观测水平面的仪器

皮卡尔 - 拉贝（Picard-Labbé，1620—1682），《论水平测量》，巴黎，1684 年

城市规划设计师加斯东·巴尔岱（Gaston Bardet，1907—1989）是大力主张将勒·诺特的园艺设计理论引入巴洛克式城市布局的第一人。

在《巴黎：城市规划知多少》（*Paris, connaissance et méconnaissance de l'urbanisme*，1951）中，巴尔岱区分了两种不同的城市布局方式：一种是对准目标纪念物的“炮兵射击”放射式布局法，这种传统布局方式一直持续到奥斯曼时期，之后被美国设计师丹尼尔·彭汉（Daniel Burnham，1846—1912）和法国设计师雅克·格雷贝尔（Jacques Gréber，1882—1962）的“学院派”（Beaux-Arts）精神承袭下来；另一种则是巴尔岱本人所推崇的细致入微的“城市艺术”。

“炮兵射击”放射式布局法有两大源流：其一是由技艺高超的建筑师绘制的花园设计图，不过不是勒·诺特和他的门徒，而是弗朗索瓦·曼沙特（François Mansart，1598—1666）和艾尔多安·曼沙特等人；其二是皇家森林猎场中的猎道，可以追溯到弗朗索瓦一世时期，洛吉耶神父（abbé Laugier，1713—1769）在著作《建筑论》（*Essai sur l'architecture*，1753）中认为，猎道是城市布局的雏形，“我们应该将城市视为一片森林，城市中的街道便是森林中的小路，同样需要人为开凿”。

这种分类法站得住脚吗？毕竟两位先后参与了马尔利（Marly）花园建设的设计师——勒·诺特和艾尔多安·曼沙特之间的对立是如此强烈，甚至到了似乎有些过激的地步。事实上，法国国家图书馆中发现的一份关于艾尔多安·曼沙特青年时期的文件表明，艾尔多安·曼沙特的叔叔，在17世纪上半叶主持设计了数座大型花园（宅邸公馆、小埃弗里堡等）的弗朗索瓦·曼沙特“用自己的学识和经验……给予了勒·诺特先生不可小觑的启迪和教导”。此外，今天我们已经了解到，洛吉耶神父的《建筑论》在出版之初并没有引起太大反响，没有像后世那样受到足够的重视。而所谓的“法国式”巴洛克花园内迷人的布局思想正如巴尔岱所预感到的那样，为后来的许多西方城市规划奠定了基础。

谈到凡尔赛或巴黎，城市布局清晰可感。因为在凡尔赛，整座城市严格以凡尔赛花园的轴线为中心呈对称分布。而在巴黎，以杜伊勒里花园形成的轴线，按照古罗马的东西轴线（decumanus）走向，经过一个又一个环岛和交叉路口，一直延伸到拉德芳斯大拱门（不久之后还会继续向外延伸）。但人们或许不知道，列恩和伊夫林（Evelyn）在 1666 年伦敦大火灾之后主持城市重建设计时也采用了同样的原则，还有好几座德国城市的基本结构也是模仿了巴洛克式花园的架构。卡尔斯鲁厄便是其中最令人惊奇的例子，城市街道网以巴登 - 杜拉赫（Bad-Durlach）总督城堡为中心呈扇形铺展开来。

不过，在这方面最令人着迷的设计项目还要数勒・布隆在圣彼得堡及皮埃尔 - 夏尔・朗方（Pierre-Charles L'Enfant，1754—1825）在华盛顿的作品。

彼得大帝花费重金邀请勒・布隆前往圣彼得堡，为沙俄帝国新都城的建设出谋划策，那时的勒・布隆还是一位年轻的建筑师和园林设计师。与民间传说不同的是，他并没有跟随勒・诺特学习。不过他确实模仿了凡尔赛宫设计大师的某些创意并加以现代化的改进，并且将之记载到了勒・布隆与达让维尔共同创作的《园艺理论与实践》（*La Théorie et la pratique du jardinage*，1709）中，这本书后来由达维里耶（d'Avilier，1653—1701）再版，改编为《建筑数讲》（*Cours d'architecture*）。勒・布隆后来的命运十分悲惨，由于同行的嫉妒，加之他本人坚持奉行"现代"建筑理念，坚决摒弃巴洛克时代矫揉造作之风，并且拒不顺从沙皇的旨意，因此勒・布隆的城市规划仅仅实现了其中很小的一部分，而他本人也很可能在 1719 年就被彼得大帝亲自下令处死了。但是，勒・布隆为圣彼得堡设计的花园城市或者叫城市花园规划将会造成污染的活动场所及监狱等地搬到了城市中心之外，在城市内部的组织结构中强调理性的规划，这一切似乎预见到了后来雅典宪章中对设计的主张（主张对城市活动和交通功能进行分区，对居住情况、卫生条件和市政治安进行整治等）。

他的规划令人印象深刻，以至于俄罗斯历史学家安德烈·科波兹认为从中可以看出西方之外的更加古老的元素，甚至无法理解从未涉足相关领域的勒·布隆是怎么从这些古老元素中汲取灵感的。奥尔加·梅德韦德科娃（Olga Medvedkova，1963—）在最近一部勒·布隆的传记中为我们揭示了真相。原来，勒·布隆，这个“前古典主义”、如梦似幻的天才，其灵感正是源自勒·诺特在凡尔赛创造的土地整治和城市规划实验室。

科波兹在同一部作品中还对朗方以凡尔赛为灵感源泉为华盛顿市所做的城市设计做了分析。这位法国工程师追随拉法耶特前往美国参加独立战争，后来成了美利坚合众国公民，并受乔治·华盛顿之托，接过了规划美利坚合众国未来首都的重任。与圣彼得堡一样，要在一片几乎无人踏足的土地上建起一座宏伟壮观的城市。不过，华盛顿的建设背景与前者有所不同，虽然也是为国家的最高权力服务，但这座城市必须还要体现出世界上第一个现代民主国家的价值理念。朗方深受皇家路桥学院（Ecole des Ponts et Chaussées）的影响，从他们参加学院“景观大赛”时送展的设计图来看，路桥学院的工程师们在设计土地整治模型时，经常从勒·布隆的《园艺理论与实践》、洛吉耶的《建筑论》和桥梁工程师让-马利·莫雷尔（Jean-Marie Morel，1728—1810）的《园林理论》（*La Théorie des jardins*，1776）中汲取灵感。在这种影响之下，朗方在美洲殖民地常见的网格状城市布局的基础之上，又建起了一个巨大的以花园为中心的巴洛克式城市网络——这座花园上便矗立着国会大厦和白宫。在设计城市布局时，朗方遵循了美利坚合众国未来首都的实际地理条件，尤其是沿波托马克河岸建造了一系列建筑——显然，朗方没有忘记勒·诺特的教诲。1967年，伊安·麦克哈格（Ian McHarg，1920—2001）在谈及上述内容时难掩惊讶之色，作为一位苏格兰裔美国景观设计师，他与大多数业界同人一样怀有先入为主的偏见，认为凡尔赛宫花园的设计理念是专制主义在土地上的具体体现。

华盛顿城市规划项目几经其创作者的改动调整，与勒·布隆在圣彼得堡的项目不同的是，朗方的设计得到了全面的贯彻落实，没有遭受重大调整。于是，虽然朗方为美利坚合众国首都规划的地界过于广阔，直到两个世纪之后才逐渐填满，但华盛顿还是成为世界最为壮观的新巴洛克式大型城市之一。

勒·诺特在园林设计方面的作品的确是大师之作，不过凡尔赛的“试验场”对后世产生的影响或许才是这位天才最为重要的贡献。除了在城市规划和土地整治方面的建树之外，勒·诺特对水利和土地测绘测量的科学发展也做出了重要的贡献。但这位所谓的“法式”园艺（之所以说“所谓的”，是因为这种风格在不同地区因地制宜，实际上已经属于全欧洲）大师在这方面的作为，长期以来都为人们所忽视，未得到足够的重视。直到 1990 年，当时在凡尔赛庄园国家管理处任职的蒂耶里·玛里亚奇（Thierry Mariage，1950—）出版了一本题目着实雄心勃勃的著作《勒·诺特的世界：土地整治的起源》（*L' Univers de Le Nostre. Les origines de l'aménagement du territoire*），方才认真研究了这个问题。

玛里亚奇采用了与巴尔岱的理论相反的方式，重点突出了勒·诺特与在巴洛克式花园的创造上比勒·诺特超前一步的弗朗索瓦·曼沙特等建筑师的作品之间的连续性。玛里亚奇反对大家普遍接受的观念，认为在设计庄园时，应该将其作为与所选场地有着微妙关系的整体，无论所选场地是天然的还是人工的，而非大家通常认为的那样，庄园与场地相互独立。“土地工程学”与蒲柏和沙夫茨伯里的“田园风格”区别极大，勒·布隆和朗方在后来也继承了将几何学原理纳入园林设计的做法，如果与美国景观设计师彼得·沃克（Peter Walker，1932—）相比，可以称之为前极简派。

玛里亚奇的研究至此还没有结束。以皇家庄园或领主封地构成的“领土网”为依托，玛里亚奇阐释了法兰西王国的基本土地测量活动（为了实现理性角度上的土地整治，柯贝尔将这项任务托付给了著名的数学家，如尼凯、维维耶、皮卡、李凯·德·邦雷波、卡西尼等）与凡尔赛工地上的试验场之间的关联。凡尔赛是一个名副其实的试验舞台，它见证了现代战胜古典、科学战胜传统的胜利。

在水利方面，传统的喷泉水池匠人能够完成令人瞠目结舌的大型工程，例如意大利埃斯特庄园的喷水池，以及萨洛蒙 · 得 · 高斯为海德堡选帝侯花园设计的充满想象力的喷泉。这些工程在时间上都早于凡尔赛工程，后来阿诺德·德·维尔（Arnold de Ville，1653—1722）和伦内昆·苏阿莱姆（Rennequin Sualem，1645—1708）这两位工程师，正是凭借前人积累的经验建造了著名的马尔利水利工程，尽管其整个机械系统运转起来耗资巨大、费时费力，只使用了短短一段时间。与此同时，射影几何的创始人吉拉德 · 笛沙格（Girard Desargues，1591—1661）的发现为泥瓦匠在给楼梯和管道裁量石块时所使用的传统方法（定线法）敲响了丧钟，17 世纪学者采用的机械地基规划法也让之前所使用的土地整平和水道管线法黯然失色。“在开凿凡尔赛的大运河时”，夏尔·佩罗在《古今对比》（*Parallèle des Anciens et des Modernes*）中写道：“现场工作的工人们，包括泥瓦匠和水池工匠都被安排去平整土地。他们用的是自己常用的水平仪工具和传统的古法测量，结果发现从运河起始的小花园一端到运河尽头的另一端之间有十法尺的坡度。之后，法兰西学院的院士也进行了测量，在同样的地段却只测出了两法尺的坡度。运河按后一种测量结果开凿之后，当水流接入后，发现与实际误差只有一法寸。”

现代科学胜利得如此彻底，以至于库阿涅（Coignard，1637—1689）在 50 多年后毫不犹疑地写道：“凡尔赛的水体工程具有世界前所未有的壮丽之美……将充满智慧的水利科学和数学推向历史舞台的前沿，使之为一位杰出国王的娱乐和威严效犬马之劳。喷泉需要以几何学为基础，几何也是法兰西学院热衷研究的课题之一，罗默（Roemer，1644—1710）先生还提出了一条普遍规则，来判断所有利用马力来提升水体的机器是否运作良好……马里奥特（Mariotte，1620—1684）先生则对喷泉的造价及其所需要的供水量等细节进行了更为精确的计算。”

罗默、马里奥特，这些大师的名字至今仍然经常在中学物理和化学课堂上出现。由此可见，在凡尔赛试验场上劳作的可不是普通的技工，而是知识渊博的学者。唯一美中不足的是，皮卡尔神父根据论证指出，用运河将卢瓦尔河与凡尔赛连接起来是不现实的，由此勒·诺特所希冀看到的“从印度返航的舰队在凡尔赛大运河上‘游弋’”（这是佩罗所记载的勒·诺特的原话）的梦想只能破灭了。

这是宫廷艺术家的梦想吗？还是充满诗人气质的园艺师将射影几何学的成果引入设计之中，却由于对 17 世纪末新生的科学一无所知，因而才会有这样的空想吗？或许是的。总之，凡尔赛花园开阔的视野一直延伸到地平线消失，这向我们展示了经过复杂计算的广袤土地严格遵循着马里奥特的法则和罗默的评判标准，树丛轻轻摇曳，仿佛在翩翩起舞，让身处其中的人失去方向，恍若身在迷宫。

本章参考文献

[1] ABOU ZAKARIA (Ibn al-'Awwâm, dit), *Le Livre de l'agriculture*, trad. J.-J. Clément-Mullet (2 tomes en 3 volumes, avec glos-saire), Paris, 1864-1867, rééd. Actes Sud, Arles, 2000, trad. revue et corrigée.

[2] ALLORGE, Lucie, *La Fabuleuse Odyssée des plantes*, Jean-Claude Lattès, Paris, 2003.

[3] BOLLENS, Lucie, *Agronomes andalous du Moyen Age*, Droz,Genève, 1974.

[4] COIGNARD, Jean-Baptiste, *Histoire de l'Académie royale des sciences*, Paris, 1733.

[5] Collectif, "Jardins contre nature", revue *Traverses*, n° 5/6, centre Georges-Pompidou / CCI, Paris, octobre 1976.

[6] CORBOZ, André, *Deux capitales francaises, Saint-Pétersbourg et Wasbington*, Infolio, Genève, 2003.

[7] DICKIE, James, "The Islamic Garden in Spain", dans *The Islamic Garden*, Dumbarton Oaks, Washington, 1976.

[8] DROUIN, Jean-Marc, *L'Herbier des pbilosopbes*, Seuil, Paris, 2008.

[9] EL FAÏZ, Mohammed, *Les Maîtres de l'eau. Histoire de l'hydraulique arabe*, Actes Sud, Arles, 2005.

[10] HALLÉ, Francis, et LIEUTAGHI, Pierre, *Aux origines des plantes*(2 volumes), Fayard, Paris, 2008.

[11] LAMARCHE-VADEL, *Gaëtane, Jardins secrets de la Renaissance. Des astres, des simples et des prodiges*, L'Harmattan, Paris,1997.

[12] LA QUINTINIE, Jean-Baptiste, *Instructions pour les jardins fruitiers et potagers*, rééd. Actes Sud, Arles, 2003.

[13] MARIAGE, Thierry, *L'Univers de Le Nostre*, Mardaga, Liège, 1990.

[14] MCHARG, Ian, *Design with Nature*, article "The City : Process and Form", New York, 1967 (traduction française in *Cabiers de I'IAURIF*, numéro special, 1982).

[15] MEDVEDKOVA, Olga, *Jean-Baptiste Alexandre Le Blond, Architecte 1679-1719. De Paris à Saint Petersbourg*, Alain Baudry et Cie, Paris, 2007.

[16] YATES, Frances A. , *L'Art de la mémoire*, Gallimard, Paris, 1975.

富有生命力的作品

> 历史园林是建筑布局的一种，使用的材料主要是植物，因其可凋零，可再生，所以具有生命力。园林的面貌体现了季节的更迭往复、大自然的生长消逝及园林艺术和技艺，希望使其保持不变的愿望之间的永久平衡。
>
> ——《佛罗伦萨宪章》第二条（1982）

在所有的艺术形式中，唯独园林艺术具有完整意义上的生命力。园林恢宏而脆弱，也造就了这一独一无二的特性。尽管与绘画、建筑等其他艺术形式一脉相承，但这种特性也使园林和景观艺术与其他艺术形式划清了界限。

建筑的传统可以一直追溯到文艺复兴时期的新柏拉图主义，属于“可知”范畴。达·芬奇曾经说过，建筑与绘画一样，都是“精神的产物”。马尔西利奥·费奇诺（Marsilio Ficino，1433—1499）指出了“建筑无形的概念”，因其具体实施建造时必然会经历不完美。对于费奇诺及其之后的理论家，如艾蒂安 - 路易·布雷（Étienne-Louis Boullée，1728—1799）而言，所谓建筑，是指通过设计图（平面图、剖面图、立面图等）呈现的可以委托给技术人员施工的“方案”。换言之，建筑是由精确的施工图确定的，而概念上的建筑只停留在开始施工的时候。依据方案而建造的建筑物，根据历代使用者的需求发生改变，经历损坏、修缮、改造和加建，必将经过一个生命周期，但这一过程与建筑本身无关，除非对该建筑物重新使用了新设计方案，接替了原先的方案。这里便体现了建筑与园林艺术之间的一大显著区别，当然那些被称为“泥瓦匠的灌木丛”的除外，这是勒·诺特在游历意大利期间，对建筑师曼沙特为凡尔赛宫修造的花园的称谓。看来这样一种论断似乎在建筑领域本身就存在争议，更不要说在园林艺术和景观领域了。

而所谓的“方案”，对于园林艺术和景观艺术而言同样重要，且通常难以呈现，而园林的表现形式又极具丰富性，如线条、基础设施、点缀性的小建筑、布局以及植被的选择等（通常通过草图、模型等形式来大致勾画出某一特定时刻的园林植物景观）。也正是因为难以呈现，汉弗莱·雷普顿（Humphry Repton，1752—1818）在其著作《红书》（*Red Books*）中所采用的，并能以此反映设计效果的方法才显得弥足珍贵，即利用可拆换的纸版来比对同一地点改造之前和之后的景象的方法（图7）。

图7　汉弗莱·雷普顿的水彩画

画中表现了同一场地在改造之前和之后的景象，收录于《园林景观理论与实践杂谈》（*Fragments on the Theory and Practice of Landscape Gardening*，1816）

园林作品处于不断的变化之中。无论设计图绘制得多么精细，监工有多么严苛，都无法保障园林始终以一成不变的形象呈现，从某种程度上说，甚至无法保证最终成果与设计图完全相符。究其原因，构成园林的主要材料不是毫无生命的物体，而是鲜活的生命体，正是这一特性衍生出了园林艺术与某些建筑景观相区别的两大特征。

其一，便是对历史园林的“维护、保护、修复和重建”。《佛罗伦萨宪章》（1982）的编纂者们提出了“有生命的古迹”这一概念，认为园林作品也应当遵循与古迹建筑相同的原则，进行维护、保护、修复和重建。

其二，则是景观设计师对其作品的独特态度。对于大部分建筑师而言，他们建造出的坐落于某一位置的建筑，在设计建成之后便是一件成品。除了法律规定的义务（建筑师需承担每十年一次的保养工作）之外，他们对已完成的作品不再感兴趣。然而，对于园林设计师与景观设计师而言，无论他们希望达到何等高超的艺术高度，在创作中都不得不受制于时间上的持续性，这一点同样可以归因于“园林是生命体”这一核心问题。而恰恰是这一问题，常常令园林设计师们颇感无奈。

园林是一个生命体，在物质层面有具体、实在的体现——尽管上文中引述了康德的观点，但确实如此——这一点是将园林艺术（和景观艺术）与绘画相区分的本质区别。现如今，很多从绘画中衍生出的艺术形式（如利用天然场地和材料打造的作品、装置、图像视频等）也以动态的主体为表现对象，同样在“持续时间”上大做文章，使这些艺术作品在一定程度上具有了“生命力”，只不过这种生命力是人为强加的，而非其本身固有的。不过，对于园林和景观来说，生命力是天生的第一原则。

现在，让我们来探讨一下何为生命体，以及生命体的全部内涵。园林的一切构成都是生命体：人，包括修建、维护及观赏园林和景观的人，是我们最容易忽略的园林中的元素；在园林中长期或临时搭窝筑巢的动物，无论是猛兽还是飞虫，包括不讨人喜欢的红蜘蛛、蚜虫和鼻涕虫，都在生态系统中扮演着重要角色，它们或隐或现，涉及视觉和听觉，是园林和景观艺术中最重要的组成成分。动物在伊甸园的故事中便已出场，在那里，所有的生命体和谐相处，后世所有与园林艺术相关的记载、描写都不会缺少与动物相关的内容。我们还会联想到，在《玫瑰传奇》（*Le Roman de la Rose*，1373—1380）中，耶罗恩·博斯（Jérôme Bosch，约 1450—1516）的画作《幸福之园》（*Jardin des délices*）中那些对果园的描写；在纪尧姆·德·马肖（Guillaume de Machaut，约 1300—1377）的《果园中的梦》（*Songe du vergier*）中，讲述了一只可爱的兔子在叙述人休憩的院子里重新找回了自己洞穴的故事（图 8）；《寻爱绮梦》（*Songe de Poliphile*）中有这样一段对西岱岛的描写："除了那些有害的和丑陋的动物之外，这里能够看到大自然能创造出的所有生灵。尽管各不相同，但它们都能和谐相处，潘神（生着羊角和羊蹄的半人半兽神）、狮子、花豹、雪豹、长颈鹿、大象、狮身鹰首兽、鹿、狼、羚羊、牛、马等等，动物与动物之间从未互相残杀。"

图 8　15 世纪手抄本中的装饰细密画
纪尧姆·德·马肖，《果园中的梦》

这种动植物和谐共处的融洽场面完美地解答了“为什么园林中经常设有动物园”的问题，不同文明中的多方记载也都证实了这一点。现存最古老（至少是巴黎现存最古老）的动物园曾经就坐落在巴黎东侧查理五世的宫殿内，这位国王对地名研究有着浓厚的兴趣，玛莱区“狮子街”（rue aux Lions）的大名便是拜他所赐。至于园林中动物的重要性，相关作品中关于其论述最精妙的当属伯纳特·贝利希（Bernard Palissy，约1510—1589或1590）的作品《舒适型花园》（*Jardin délectable*）。这位陶瓷专家曾经表示，要“在自家庭园的岩洞里铺满蟒蛇、蝰蛇和蜥蜴等动物装饰，这些雕刻浑然天成、巧夺天工，甚至引来了周围野生的活蛇和蜥蜴，时不时前来欣赏这些不会动的同伴”。贝利希还曾提出过一个本质与之类似但更加实用的方案：在他的“第一小屋”屋顶种上很多灌木，灌木结出甜美的果实，吸引鸟儿来此觅食；再种上些许草植，吸引鸟儿前来休憩，婉转悠扬的鸟鸣声声，让屋中的人倍感愉悦。

这种以植物为天然的诱饵引来鸟儿婉转歌唱的做法的确高明。制作诱饵的材料便是园林中生命的核心——植物。将植物认定为园林的核心，这种说法或许让人觉得有些夸张，甚至可以举出实例加以反驳。例如在中国，人们以“山水”指代风景，似乎没有特别考虑或者说至少降低了植物的核心作用。再比如日本室町时代（1336—1573）的“枯山水”（以龙安寺为代表），仅仅以岩石砂砾为构成要素。说到这里，我们很容易联想到装饰艺术（Art déco）盛行时期的某些作品。1925年，罗伯特·马莱-史蒂文斯（Robert Mallet-Stevens，1886—1945）主持设计了巴黎装饰艺术博览会的主会场，马尔泰（Martel，1896—1966）兄弟则为会场的园林设计了一棵由钢筋混凝土构成的“立体树”，根据当时的一幅漫画，设计者还为这棵树专门设置了一把喷壶，这件立体主义的作品可谓名噪一时。此外，我们发现，在意大利文艺复兴时期和巴洛克时期的园林，以及前浪漫主义和浪漫主义时期的景观设计中，植物（特别是花）并未占据主导地位，甚至受到排挤。直到威廉·罗宾森（William Robinson，1838—1935）与葛楚德·杰克尔（Gertrude Jekyll，1843—

1932）合著的《英国花园》（*The English Flower Garden*）问世，或者直到莫奈在吉维尼的花园落成，花在园林中才赢得了一席之地（至少是让公众认可了“园林就是装饰着开花植物的一块土地”这一概念）。

以中国的山水作为否认植物在园林中地位的例子，虽然看起来很有道理，但其实错在对“山水”这一概念的一知半解。正如诗人陶渊明、王维和苏东坡在诗中所描绘的那样，所谓“山”只不过是一种概述，其实其中囊括了树木、草植、岩石和地势等多重内涵。日本的枯山水，因自身不断演变，正面临着语义学的难题。由于植物培育、杂交技术的进步以及物种的不断繁衍，在 16、17 和 18 世纪，西方的园林和景观设计师们能够用来装饰园林的植物种类，在今人看来可谓是少之又少（况且在这过程中很多物种已经消失）。

即便对于“植物是园林的核心”这一命题，我们或许仍然能够举出其他一些反例，但世界上共存在 350 000 多种植物，每一种都是独一无二的个体。这一事实，让笔者不得不为自己有限的知识扼腕叹息。在这里，笔者也不得不提到一位拥有渊博植物学知识的年轻建筑师，也就是我的儿子唐吉（Tangi），我曾与他合作为 2010 年法国国际肖蒙园林节修造了一处园林。某一天，在与他一同散步时，每当我对某种植物产生兴趣，他都能告诉我这种植物的法语和拉丁语名称，之后又为我介绍该植物的习性、可能所属的类别、适宜的土地类型、群落环境、喜好或厌恶的气候等等，侃侃而谈，令我颇感自豪，与此同时亦有些许迷茫。

不过，努力尝试着学习总是没错的。笔者出生在法国布列塔尼的一个乡村教师之家，小时候，我常在村里一条修建于古罗马时期的小道玩耍，也采集过许多种类的花花草草。家母曾经让我阅读伊波利特·科斯特（Hippolyte Coste，1858—1924）的著作《植物》（*Flore*）。这段“寻花问草”的经历让我体验到了三种不同的幸福：其一，发现之前从未见过的植物；其二，获得新的植物后，仔细观察，了解植物构造，细致程度甚至不亚于小说《金甲虫》（*Le Scarabée d'or*）中对密码的破译；其三，将采集到的植物风干，贴在家父送给我的亮面笔记本中，然后用紫色的墨水歪歪扭扭、认认真真地写上植物的俗名。

对植物的这种兴趣一直持续到小学五年级，那时的自然科学课上使用的是动物与植物学的奥利亚系列教材（Manuel Oria）。之后，对其他事物的兴趣慢慢占据了心灵，笔者逐渐遗忘了“裸子植物”“被子植物”“花瓣”“萼片”“分枝”“小叶”“花冠”“心皮”“花被”“瘦果”“花柄”等植物学名词。

笔者也曾阅读阿琳娜·雷纳尔-罗格（Aline Rayline-Roques）的《重新发现植物》（*La Botanique redécouverte*）以及舍妹丹尼斯（Denise）所著的《草本植物的诗意百科》（*Encyclopédie poétique et raisonnée des herbes*），试图重拾这方面的知识。然而，即使翻阅了这些著作，并在自家花园中花费数小时观察学习，笔者在植物学方面也依然只是业余水平。

对于时常需要对园林和景观加以评论的笔者来说，只拥有如此业余水平的植物学知识是不是一个致命伤呢？虽然这样说有自我开脱的嫌疑，但笔者确实认为拥有基本的植物学知识就足够了。在现代园林和景观艺术中，所选取的植物首先应当满足的是形态美的要求；其次，则应当符合“简洁性（Simplicité）”和“实用性（Utilité）”两个原则——笔者将其称作“S+U 原则”。

所谓简洁性，是要求植物的种类、颜色及形态线条相对简单、质朴。没有什么能比过度的花卉装饰更令人厌烦了，如马赛克花坛（以及由此衍生出的各种矫揉造作的装饰物），看起来让人浑身不自在，简直会起鸡皮疙瘩。这么说并不代表笔者否定有创意的植物组合方式，笔者绝不会像纳粹时期的景观设计师那样，封杀所有“非雅利安”的植物，力推常见的本土物种，排斥异域物种（换个角度来看，所谓的“异域物种”也是其他来源地常见的普通物种）。卢瓦尔河岸边盛开的虞美人，天边喷薄欲出的红日，在和煦的春风中摇摆的金黄色油菜花，装点着零星野花的草原，爬满野蔷薇的墙壁，这些都能让笔者感受到心灵的触动。但那些叶片肥厚、纹理斑驳的洒金桃叶珊瑚，花茎比扫帚还要直的人工养殖玫瑰花（很久以来，玫瑰基本都由人工栽培种植，但如今的一些玫瑰实在过于浮夸），以及一些庸俗的花卉装饰，特别是阳台和人行道上的装饰盆景，等等，简而言之，用植物来装点门面的肤浅做法，实在令笔者心生厌恶。

至于实用性，虽然笔者将其放在简洁性之后，但是由于我们生活在这样一个时代，一个地球面临严重威胁、全球相当一部分人口因营养不良而死的时代，所以植物的实用性是绝对必要的。尽管中国当代很有才干的景观设计师俞孔坚的观点并不能完全说服笔者，但却让我认识到这位设计师宣扬的伊安·麦克哈格的理论，应该成为当代景观设计的发展方向。颇有意味的是他所谈论的是艺术，而非技术，可将其称为“生存的艺术”。

为了巩固“生存的艺术”这一理论，俞孔坚援引了陶渊明（365—427）在《桃花源记》中所描绘的由农人建立的与天地自然关系和谐的世外桃源。然而，俞孔坚的看法与传统观点有所不同，他认为，2000多年来，这座世外桃源（就像小说《消失的地平线》中的香格里拉一样难以企及）一直受到传统贵族园林艺术的否定，贵族园林对自然是一种近乎虐待、折磨的态度，恰如古代强迫妇女缠足的陋习。针对这种情况，与他眼中的中国园林专家、官员、企业家和政客等人想法相反，俞孔坚坚持呼吁抛弃传统中国园林的景观设计理念，回归“桃花源”，回到一些农民用心耕作且简单的地方，回到一些声称自己是历史园林爱好者的中国贵族曾经看不上的地方。基于这一理念，俞孔坚的景观设计作品多采用原始而精致的设计与规划，选用可以直接或间接成为农作物的植物（如水稻、小麦、牧草等），这样可以直接满足周围居民的粮食需求，而另一些植物则有利于维持生物的多样性，还能起到净化水体和空气的作用。

从俞孔坚的观点来看，似乎忽视了关注公共利益的艺术家们的实践，其绝对功能主义的职业理念背后，是“反美学”的激进主义，使人想起包豪斯学派的汉斯·迈耶（Hannes Meyer，1889—1954）对建筑设计提出的观点。其次，其所声称的传统既是国家的，也是大众的，这样的传统本身就涉及一个双重的假定：其一是农人的失乐园，其二是原初“大地母亲”的形象，人们对这个形象一无所知，只知道她不宜居住。在中国，上述一些观点也成为目前中国景观设计中的主导（随处可见沿着中国高速公路的设计实践）。事实上，如今中国的园林景观艺术，既存在一部分新富阶层所喜欢的在自己私家宅邸中建造的媚俗景观，如高尔夫球场和过度雕琢的农庄，也存在披上了“生态”外衣的传统景观，如新建公园里的装饰和高速公路沿线复杂的植物景观等。

俞孔坚关注最简单、有益的生命体，将之作为其实践的核心，绝不会让步于艺术家的实践，使人想起在完全不同的政治、社会和生态学背景下，吉尔·克莱蒙提出的“动态花园”“星球花园”以及“第三景观”等理念，在 1999 年至 2000 年巴黎拉维莱特大厅的展览作品中，克莱蒙也曾在园林中种植水稻。

即便避谈“死亡”一词，生命体最终也会在某一维度中消失。从 18 世纪起，欧洲园林艺术中就弥漫着时空飞逝、终归虚妄的气息，如此一想便也不足为奇。威廉·肯特在周游意大利之后，似乎也萌生了这种忧郁的感想。那时满心希望成为建筑师与装饰设计师的肯特，见到许多兴建于文艺复兴时期的花园如今已是苔藓满布、墙垣倾颓，此番景象令他激动不已，却也让他十分痛心，他甚至产生了放弃园林投身自然的想法，企图还原自然本来的模样，打造如同尼古拉斯·普桑（Nicolas Poussin，1594—1665）的画作《阿卡迪亚的牧人》中那样以宁静优雅的基调描绘死亡的场景。自此之后，18 世纪乃至浪漫主义时期的园林思想中，废墟和荒园始终是挥之不去的意象。

衰老、破败、风化……这是冬天里植物必须经历的痛楚。当代景观设计师们不应该对“花蕴含的感情色彩”横加指责，或在创造园林时将植物的腐败作为纯粹的艺术表现形式。路易 - 纪尧姆·勒·罗伊（这也是一位荷兰人）是 20 世纪 80 年代享誉全球的景观设计师，在海伦芬庄园（Heereven）中，他极力主张维护自然原貌，力求展现自然中生命体的鲜活与丰富。他的同行皮耶特·奥多夫（Piet Oudolf，1994—）也与他一样，决定在作品中广泛运用在冬天会枯萎的植物（基本为多年生植物），以荷兰霍美洛公园（Hummelo）为首创，后来他的作品遍布欧美，特别是芝加哥的千禧公园、纽约的炮台公园和高线公园等。与勒·罗伊不同，奥多夫信奉彻底的生态主义，他提出了一个简单而新颖的观点：一方面，应当根据植物的四季枯荣状态，合理搭配种植；另一方面，也应当看到枯萎植物的茎或者说“骨架”也颇具魅力。二者相得益彰，园林在一年四季都是美丽而有趣的。这一理念与当今社会不断寻找的、能够逐步取代旧等级观念的新理念完美相融。奥多夫即将加盟全球著名设计工作室 Diller Scofidio & Renfro 建筑事务所，共同谋划这一理念的蓝图。

将死亡作为生命的一种形式，这种视角无疑具有某种不容置疑的内在意义。不过，在笔者看来，在奥多夫设计的作品中，植被茂盛的季节固然令人叹为观止，但冬日景象却大打折扣。是笔者有眼无珠？还是因为笔者并不能完全理解奥多夫的概念艺术，正如难以欣赏波尔坦斯基（Boltanski，1944—2021）用造型之美来表达概念一样？或许，这只是来源于本性中的恐惧，生命的气息让笔者感觉踏实而充满希望，死亡的场景会让笔者感到压抑和不安。抑或可以这样说：虽然富有生命力的作品是必须的，虽然忧郁气质是显而易见的，但精神上的无依无靠却不是所有人都可以欣赏的。

本章参考文献

[1] CHASTEL, André, *Art et bumanisme à Florence au temps de Laurent le Magnifique*, PUF, Paris, 1959.

[2] KINGSBURY, Noël, et LAÏS, Erika, *Jardins d'avenir. Les plantations dans le temps et l'espace* (ouvrage consacré au travail d'Oudolf), éd. du Rouergue, Rodez, 2006.

[3] LE DANTEC, Denise, *Encyclopédie poétique et raisonnée des berbes*, Bartillat, Paris, 2000.

[4] LE DANTEC, Jean-Pierre, *Le Sauvage et le regulier. Art des jardins et paysagisme en France au XXe siècle*, Le Moniteur, Paris, 2002.

[5] NITSCHKE, Gunter, *Le Jardin japonais. Angle droit et forme naturelle*, Taschen, Cologne, Londres, Los Angeles, Madrid, Paris, Tokyo, 2003.

[6] PEROUSE DE MONTCLOS, Jean-Marie, *Etienne-Louis Boullée*, Flammarion, Paris, 1994.

[7] RAYNAL-ROQUES, Aline, *La Botanique redécouverte*, BelinInra, Paris, 1994.

[8] TAO, Yuanming, *Œuvres completes, traduit du chinois*, présenté et annoté par Paul Jacob, Gallimard, Paris, 1990.

[9] Yu, Kongjian (avec Mary Padua), *The Art of Survival. Recovering Landscape Arcbitecture*, The Images Publishing Group, Mulgrave (Australie), 2006.

水

> 流水与喷泉是园林中最重要的装饰。水使园林有了生趣，甚至有了生命。潺潺流水打破了园中的寂静，清凉的流水波光粼粼，让人身心舒畅。水对植物的重要性无须多言，水让草木柔韧灵活，让幼芽茁壮成长，水构成了植物赖以为生的汁液，让植物无论何时何地均能保持鲜活。
>
> ——安托万－约瑟夫·德扎利尔·达让维尔
>
> （Antoine-Joseph Dézallier d' Argenville，1680—1765）
>
> 《园艺理论与实践·水利篇》，1747 年版

“我对我的花花草草有着深厚的感情。每当天干物燥，晨露无法满足植物生长时，我便要担心那些茎修长的植物会不会干渴而死。为了照顾我的植物们，我不惜付出大量的劳动，先用大木桶挑来干净的清水，又由于担心水流过急会伤及植物或者会冲散刚刚撒下的种子，我用双手小心翼翼地捧起水来，轻轻地洒落在土地里。”

上文是斯特拉博的著作《小花园》（*Hortulus*）的节选。这一段加上备受于斯曼（Huysmans）称赞的《南瓜赞歌》（*Ode à la Citrouille*），是书中笔者最喜欢的段落。我仿佛就是那位大腹便便的神父，气喘吁吁地提着从修道院地窖中取出的大木桶，来到赖兴瑙岛畔的河流中打水，小心翼翼地将这生命之源倒进桶里，然后赶着驮水的小驴沿着小路返回。我跪在小花园的土地上祈祷，最后，满怀敬意地用双手捧着珍贵的水，缓缓地浇灌土地和土地中干渴的种子。

正所谓“无水不成园”。在亚述、《圣经》或《古兰经》传统中，十字架代表了人间天堂的四条河流。《圣经》认为，从伊甸园中的“生命之泉”流出四条河分向四方。伊甸，这处神秘的存在拥有众多的别称，亦有人称之为“天堂花园”，是众多文明传说的灵感之源，而水，在这世间的第一座花园中也处于核心位置。然而，我不曾追随让·德吕莫（Jean Delumeau，1923—2020）的脚步，从宗教层面研究园林，相比之下，还是花香满溢的林荫道更符合我的文化背景和脾气秉性。斯特拉博，这位亚西西的方济各（François D’Assise，1182—1226）的先行者十分珍视上帝赐予的植物，在浇灌他的小花园时，他的脑海中其实并非只有高深莫测的思想。他的胃与他的灵魂一样在发出响亮的声音，这个贪婪的器官在说：“浇灌吧，瓦拉弗里德，浇灌你的花朵、你的果实，特别是要好好灌溉你的蔬菜（他列出的那份著名的23种蔬菜清单便是明证）。”尽管技术较为原始，气候和宗教环境也存在差异，但斯特拉博的理念与三个世纪后伊斯兰教徒扎卡里亚（Abou Zakaria）在塞维利亚出版的《农业用书》（*Livre de l’agriculture*）中的内容十分相近，书中写道：“即便引入水渠环绕园子，从蔬菜根部进行浇灌，也仍然需要在夏季用手或者使用喷壶为枝叶补充水分。”

水对园林的益处绝不仅仅在于灌溉。水能够营造清凉舒爽的氛围，随着负离子（绝佳的灰尘吸附剂）含量的升高，水还可以起到净化空气的作用。除此之外，水还可以为园林的主人及他的客人们打造垂钓和划船的场所。如果将水储存在水罐、水盆和水塘中，便可以建造泳池（如今还会采用植物过滤净化工艺）、鱼塘，用作中式或日式茶道中的无根水罐，甚至用作冰镇葡萄酒的水槽，等等。著名陶艺家伯尔纳·贝利希（Bernard Palissy，约1510—1589或1590）在描写伊甸园中的宴会情景时写道：“以同样的方式，建造一些小型的石头水池，以便在进餐时冰镇美酒。”总之，对于园林来说，水不仅仅是必需品，更是被视为大自然的恩赐。

除此之外，在王公贵族的园林中，水还为各式水上活动提供了可能。例如古罗马的海战表演，类似于路易十四在凡尔赛宫的瑞士湖或大运河上举办的夜间灯光音乐芭蕾表演；在中国的某些大型园林中，常常在泊于陆地的石船上进行戏剧表演，以此表现水上场景；在今天，还有通过计算机操作实现的现代水上烟花等其他新鲜表演形式。

不过，且不论水的种种益处，让我们来谈一谈水作为园林中美学素材的这一属性。中国学者王晓俊曾在著作《风景园林设计》中对园林中的水进行了分类，与加斯东·巴舍拉（Gaston Bachelard，1884—1962）的著作《水与梦》（*L'eau et les rêves*）中的分类近似。而我从这两位的理论中汲取了灵感，将园林中的水分为四类：流水、跌水、静水和涌水。除最后一类之外，其余三类可以视为对三种形态的水的影射，分别为河流、瀑布和湖泊。巴舍拉为此提出了“流动性”（liquidité）的概念，用一个充满诗意的单数性词来阐述一个科学概念。

流水本身又可分为两个流派，分别代表了我在之前一章中提到的两种属性：自然（physis）和创造（thèsis）。

在第一种情况下，水流形态为从高处流向平原的自由式水流，潺潺的流水声一如婴儿的呢喃，河流两岸呈不对称分布，起伏的凹地与平缓的山丘、蜿蜒曲折的沼泽、古河与岛屿逐渐形成，最终成为我们在东西方园林中看到的不同层次的园林景观。尤其在中国，修造园林的重要任务之一，便是开掘出一个近似天然的水道网络，用于浇灌和大面积供水。这就是为什么诗人苏东坡（1037—1101）在遭贬谪之前，曾在杭州兴建堤坝以疏浚河流，后世也因此将其尊为园林建筑师。

那么，在中世纪和文艺复兴时期的西方园林中，是否也有类似的“自由式”水流呢？我认为在索然无味到已被人遗忘的 18 世纪前的欧洲园林史中或许会有记载，例如阿托瓦罗伯特二世（Robert II d'Artois，1250—1302）于 1300 年发起修建的埃丹园（Hesdin）便给出了上述问题的肯定答案。很多诗人（纪尧姆·德·马肖、比埃尔·德龙沙、莫里斯·塞弗、泰奥菲尔·德·维奥、奥诺雷·杜尔菲等，这里只列举我所记得的法国诗人）、音乐家（我脑中浮现的是柯斯特雷的歌曲“我看见流动的水与细小的溪流，水声潺潺”）也在作品中描绘了“自由式”水流的存在。再例如，16 世纪，奥尔西尼家族在意大利维琴察附近的博马尔佐建造的园林高度宣扬超现实主义风格，河流与树木布局采取了“先景观”的构建方式。

第二种情况则相反，创造是通过人工规划赋予自然某种形式。这是一种被控制的流水，在形态和层次等方面可以呈现出丰富的变化。例如巴黎的塞纳河两岸建有高高的陡坡，设有高架引水桥，两侧河岸都经过精细规划。凡尔赛宫大运河的庄重，莫卧儿花园里围绕长方形花坛流淌的水域的规整，从彼得大帝夏宫流向波罗的海的运河的崇高，或是分隔巴黎拉维莱特公园的水渠的精密，等等，都是这一类流水的特点。同样还有狭小的沟渠，一如格拉纳达的摩尔人园林中，流水穿过重重池塘和台阶，长年累月地流过石头打磨出的沟槽。

当流水转移到高低不平的地面，便形成了从高处跌落的水势：飞湍瀑流发出急促而巨大的轰鸣声。在伊朗，有些园林和街道设有坎儿井，清泉喷涌而出，在发出轰轰水鸣声的同时，也造就了非凡的景观。如此看来，这种时常与巨石、深渊和峭壁共存的喧嚣景观得以成为欧洲古典和浪漫主义时期园林中的一种卓越而又令人敬畏的美学元素，又何奇之有呢？到了 19 世纪后半叶，随着城市与资产阶级的发展，瀑布又再次登上了城市道路规划的舞台，这无疑为城市创造了一处处令人印象深刻甚至叹为观止的景象，例如休伯特·罗伯特（Hubert Robert，1733—1808）画中的梅勒维尔桥（Méréville）、雷兹沙漠（Désert de Retz）入口处的“深渊”、威尔士德韦达郡哈佛小公园中的“强盗山洞”（grotte des Brigands）、德国卡塞尔附近的维尔亨斯勒魔鬼桥瀑布等。这些水“文明”起来，直至成为专业或世俗的事物。肖蒙山丘公园山洞里的瀑布在人们心中所引发的情绪更多是好奇而非害怕，就像《黑印度》（*Les Indes noires*）中所描绘的壮观的地下水以及尼摩船长[1]藏身之处的水幕一样。在现实中，布洛涅森林里的“大瀑布”长期以来都是备受巴黎名门贵族青睐的游览胜地，不论是乘坐四轮马车或骑马漫步的绅士淑女，还是交际圈里崭露头角的人物，总之整个巴黎的上流社会几乎都云集于此。这种附庸风雅的风尚一直持续到《追忆似水年华》中所描写的美丽时代。

园林设计中的跌水与其他类别相比，创造性更强，自然本性相对不那么明显。对这一类水体进行改造，目的在于彰显人对水的控制权，而不在于通过深藏不露的复杂技术赋予水以人工雕琢而成的“自然”属性。而人对水的驾驭有时或许不动声色，却能取得惊艳的效果，如灌溉凡尔赛宫草坪的涓涓细流。不过更常见的还是浩大的工程，如马尔利和索城的巨型水利工程。

园林中静态的水同样存在“自由”与“人工”两种形态。池塘或湖泊中央常有零星分布、看似浑然天成的小岛；池水好似一面镜子，周围的石井栏围成方形、圆形、椭圆形或其他规则的几何形状，还时常设有取材自传说故事的造型喷泉；在现代的城市园林中，人们使用电子设备对水进行规划设计，灵活地调控水位高低的变化，可以塑造能够高速喷出、成束落下的喷泉造型，还能营造出或规律或随意的流水声响，等等。

无论是静水、流水还是跌水，在“自由”与“人工”之间，是否一定要做出选择呢？“自由”是否就代表着现代，而“人工”就代表着故步自封与自命不凡呢？在相当一段时间里，园林批判家和园艺爱好者不约而同地认为应当将两者对立起来。沃波尔就曾在《论现代园林艺术》中表达了自己的鲜明立场，他写道：“他（肯特）献给这个美丽国度最美丽的装饰，就是对水的完美利用与布局。永别了水渠、圆形水池以及落在大理石台阶上的瀑布，所有那些意大利与法国式园林中现代、荒谬的宏伟装饰！再也没有人工矫饰的大瀑布，让小溪流沿着既有的路径蜿

---

① 译注：法国著名科幻小说家儒勒·凡尔纳（Jules Gabriel Verne，1828—1905）的小说《海底两万里》中的人物。《黑印度》（又译《美丽的地下世界》）亦是他的作品，他也被称作“科幻小说之父”。

蜒，如果起伏的地形阻止了它的流动，优美的树林挡住了它的流势，那么我们会在更远处又看到它缓缓流出。溪水两岸曲线柔美，保留着不规则的天然弧度。几株树木零散分布，绿荫随意铺洒在犬牙交错的岸边。”

万幸的是，艺术与品位的特性会不断更新。在“丑角之争”（querelle des bouffons）[1]的时代，谁能预料到，让 - 菲利普·拉莫（Jean-Philippe Rameau，1683—1764）在今天会被冠以现代派的光环，他创作的芭蕾舞剧会成为现代摇滚和嘻哈的灵感源泉呢？谁又能料到，克里斯托弗·威利巴尔德·格鲁克（Christoph Willibald Ritter von Gluck，1714—1787）那曾经让卢梭潸然泪下的感伤主义在今天看来却显得甜腻甚至过时呢？甚至连崇尚自然的宋代杰出画家郭熙也曾写道：“水，活物也，其形欲深静，欲柔滑，欲汪洋，欲回环，欲肥腻，欲喷薄，欲激射，欲多泉，欲远流，欲瀑布插天，欲溅扑入地……欲挟烟云而秀媚，欲照溪谷而光辉，此水之活体也。”

“欲瀑布插天，欲溅扑入地”，这位中国最著名的山水画家之一笔下的景象着实令人赞叹。除了喷泉或瀑布外，喷薄四溅、飞流直下的水流，很少出现在古代中国或日本的园林之中，但在欧洲或摩尔人的园林中却被视为艺术的骄傲，其中包括微型喷泉，设于繁花盛开的庭院中央，泉水洒落在盛水盘上，发出悦耳的声响。事实上，涌水这一类别在欧洲园林中唯一一段式微的时期是在 18 世纪后半叶的景观园林时期：当时，为了突出景观的“自然性”，园林中的水体不得表现为任何违背自由落体运动规律的形式。除了这一时期之外，古往今来的园艺设计师们始终致力于开发“违背自然”的水利设施，极尽所能地为观赏者们呈现出极具表现力的效果。例如，法国岱禾景观设计事务所（Agence Ter）的景观设计师们最近在德国巴德奥埃因豪森和勒纳之间的水魔幻公园的地下喷泉设计便是一个成功的例子。

---

① 译注：丑角之争，也称为喜歌剧之争（Guerre des Bouffons），是 1752—1754 年在巴黎举行的一场音乐哲学之战的名字，具体涉及法国和意大利歌剧的相对优点，也被称为角落之战（La Guerre des Coins）——在国王一侧的角落里有偏爱法国歌剧的人，在女王一侧的角落里有偏爱意大利歌剧的人。

从哥特式时期起，受到西班牙和西西里岛的穆斯林喷泉匠人的影响，欧洲园林中逐渐开始出现一些“欢喜式”（joyeusetés）的水利设计。其设计背景有时并没有十分讲究，因为这些设计的主要用途是为了隐蔽，方便冲洗（尤其是为女性而设），这些玩笑式的装饰在意大利文艺复兴时期的园林中仍有出现。法国作家蒙田（Michel de Montaigne，1533—1592）曾于1580年游览佛罗伦萨城堡，关于这段经历，他随后在《蒙田意大利游记》（*Journal de voyage en Italie*）中这样写道：“别人也和我一样，看到了十分有趣的景象。在园中漫步时，环顾四周的奇异景物，园林设计师似乎有意营造出一种相伴的氛围。在一些地方可以看到大理石雕像，雕像的脚底和两腿之间有许多小孔，渗出几乎看不见的水流，以这种设计淋漓尽致地表达对毛毛细雨的厌恶。在两百步之外，设计师还通过某种地下设置的弹簧机关施放水流，他们对水位变化的调节极为精准，可以随心所欲地将水的波动幅度和运动轨迹调整到预计的水平。”

这项工艺在文艺复兴时期的意大利埃斯特庄园中达到了巅峰。蒙田在几个月后的一篇文章中再次描绘了园中著名的水风琴，“水柱从池中腾跃而起，在空中交融缠斗”，这番惊人的景象让蒙田叹为观止。不过，这项工艺最早期的作品还要数法国凡尔赛宫中的水景，以及目前园林中常见的垂直水柱景象。技术方法来自达让维尔在《园艺理论与实践》新版中补充的“水利篇”。李斯特（Liszt）的著名作品《埃斯特庄园的喷泉》让这座庄园闻名于世，吕利（Lully）也在1664年创作了管弦乐《魔岛嬉游曲》。1615年，海德堡城堡花园的设计者萨洛蒙·得·高斯在法兰克福出版了法德双语版《动力原理与机器》（*Les Raisons des forces mouvantes avec diverses machine*）（图9）。

图 9　石窟中的喷泉
萨洛蒙 · 得 · 高斯，《动力原理与机器》
（*Les Raisons des forces mouvantes avec diverses machine*），1615 年

作为一名工程师兼艺术家，萨洛蒙·得·高斯的多才多艺让人不禁联想到另一位大师——达·芬奇。1576 年，高斯出生在法国迪耶普，他的姓氏“高斯”（Caus）来源于其出生地所在的高区（pays de Caux）。1590 年，高斯一家为躲避针对胡格诺教徒的迫害，举家迁往伦敦。在那里，他钻研了伊丽莎白一世时期的玫瑰十字会成员、数学家及占星家约翰·迪伊（John Dee，1527—1608）的手稿（不过莉莉安·夏特里耶 - 朗日对这种说法表示怀疑），吸收了许多方面的知识，也接受了神秘主义学说的熏陶。旅居意大利期间，高斯发现了园林的魅力，那些岩洞、喷泉、雕像、点缀式的小型建筑、种种空间布局堆砌而成的无声的语言，都承载着文艺复兴时期园艺师如创造天才一般、如神话传说一般秘而不传的“记忆剧场”，凡此种种都令他心向往之。回国之后，在布鲁塞尔大公阿尔伯特（Albert）的授意下，高斯先后在柯登堡（Coudenberg）和马尔勒蒙（Marlemont）修造了石洞和喷泉。随后，应法国国王亨利四世的新任驻英大使的要求，他与建筑师伊尼戈·琼斯（Inigo Jones，1573—1652）一起，在里士满、萨默塞特宫和哈特菲尔德宫的园林里为威尔士王子修造了多个水利项目，其中还有一座面积相当于普拉托利诺城的“小亚平宁”三倍之多的“巴那斯山”（希腊神话中阿波罗的居所）。

1613 年，伊丽莎白公主与弗雷德里克五世完婚，高斯也在此时迎来了职业生涯的转折点。弗雷德里克五世同高斯一样也是玫瑰十字会的成员，在海德堡内卡河畔的坡地上拥有一座庄园。他请高斯主持这座庄园的园林设计，以期展现其领地的宽广。高斯接受任务之后便在海德堡安顿下来，随后一手打造了这项恢宏的工程。他与弗雷德里克亲王的知遇之情由此可见一斑。

现如今，已经很难再现高斯亲自建造的园林中的喷泉、石窟和花坛的昔日原貌，不过，仅仅从现存露台的体量来看，便足以一窥 17 世纪前后的宫殿花园（Hortus Palatinus）在水利技术和工艺技法上的造诣。不仅如此，高斯还留下了详细的文字描述，配有精美的插图。但由于玫瑰十字会一直隐藏自身的存在，直到1620年，路德派神学家安德烈亚（Andréa，1586—1654）的《玫瑰十字会骑士的化学婚礼》（*Noces chymiques du chevalier de Rosenkreutz*）在法兰克福出版，高斯的手稿才得以公之于众。在这段时间里，高斯还发表了他在科技方面的代表作《动力论》（*Traité des forces mouvantes*），其中重新引述了古希腊数学家希罗的部分观点（当时希罗关于水利的研究才刚刚被发现和翻译），他自己则在以下两大方面进行了创新：设计出了前所未有的用于提升水位的机器，阐述了如何在水利工作中利用蒸汽原理达到机械无法企及的水平。

高斯的晚景如何，并不为人所了解。1620年，他回到法国，作为国王的御用工程师参与了鲁昂、迪耶普和巴黎等地的下水道工程，还出版了一篇几何学论著，以及著作《太阳钟实务与演示》（*La Pratique et la démonstration des horloges solaires*）。在这部著作中，他表示效忠于黎塞留红衣主教，之后便销声匿迹。他是否因为不断向红衣主教提出各种荒诞的利用蒸汽的方案，而被主教亲自下令逮捕一直囚禁到1640年呢？现如今，我们只能从文学杂志《家庭博物馆》（*Musée des familles*）主编亨利·贝尔图（Henri Berthoud，1804—1891）的记载中看到只鳞片爪的传说：这位集多项才能于一身、被阿拉戈认为是“瓦特蒸汽机之父”的天才在1626年入土，葬于巴黎新教徒墓园。

萨洛蒙·得·高斯留下的插图、机器和大胆的论著为巴洛克时期的欧洲科技发展提供了源源不竭的灵感。后世的现代学者们无不承袭了高斯留下的宝贵遗产，他在园林水利方面的造诣一直沿用到今天，包括勒·布隆在内的建筑师、工程师和园林设计师不遗余力地想要超越高斯——而这并不是一件容易的事。

本章参考文献

[1] CAUS, Salomon de, *Le Jardin Palatin* (version française de l'*Hortus Palatinus*), réédité et postfacé par Michel Conan, Le Moniteur, Paris, 1981.

-*Les Raisons des forces mouvantes, avec diverses machines tant utiles que plaisantes*, Francfort, 1605.

[2] Collectif, *Les Maîtres de l'eau d'Archimède à la machine de Marly*, Arlys, Versailles, 2006.

[3] CONAN, Michel, postface à la réédition du *Jardin Palatin*, Le Moniteur, Paris, 1981.

[4] GROS DE BELER, Aude, et MARMIROLI, Bruno, *Jardins et paysages de l'Antiquité. Mésopotamie-Egypte*, Actes Sud, Arles, 2008.

[5] GUILLERME, André, *Les Temps de l'eau:la cité,l'eau et les techniques (fin IIP-début XIX siècle)*, Champ Vallon, Seyssel, 1983.

[6] LE DANTEC, Jean-Pierre, *Eaux, strates, horizons. Agence Ter*, Quart Verlag, Lucerne, 2001.

[7] PIGEAT, Jean-Paul, *Que d'eau! Que d'eau! Leau dans les jardins du XXIe siècle*, Conservatoire international des parcs et jardins et du paysage, Chaumont-sur-Loire, 1997.

-"*Richohets*", Conservatoire international des parcs, jardins et du paysage, Chaumont-sur-Loire, 1998.

[8] SANDRINA MAKS, Ch., *Salomon de Caus 1576-1626*, Paris, 1935.

[9] SONG, Zheng-Shi, *Jardins classiques francais et chinois. Comparaison de deux modalités paysagères*, You-Feng éd., Paris, 2005.

[10] VÉRIN, Hélène, "Salomon de Caus, un mécanicien praticien", *Revue de l'art*, n°129, CNRS, Paris, 2000.

[11] VIOLLET, Pierre-Louis, *Histoire de l'énergie hydraulique. Moulins, pompes, roues et turbines de l'Antiquité au XXe siècle*, Presses de l'Ecole nationale des Ponts et Chaussées, Marne-la-Vallée, 2005.

政治

> 风景与国王专员是无法共存的两种事物。
>
> ——霍勒斯·沃波尔《论现代园林艺术》

园林艺术与政治之间存在千丝万缕的联系，或许只有天真无知的人才会对此感到惊讶。园林这种所谓“次要”的艺术想在花花草草、树木枝叶上大做文章，其本质远没有看起来那么简单。

园林艺术与政治的联系在文学巨作《红与黑》（*Le Rouge et le Noir*）的开篇中即有体现。作者仅凭借几笔对市长兼实业家雷纳先生修建的公路的描写，就能让读者领会到当时的维立叶尔城笼罩在专制集权制度的阴霾之下。在小说中，司汤达写道：“我发现这条‘忠诚大道’只有一件事该受责备，那就是当局规定的修剪忠诚大道上那些茁壮的悬铃木的方法，甚至可以称为是修剪得残缺不全的野蛮方法。它们巴不得能有我们在英国看到的那种雄伟壮丽的外形，而不是树冠低低的、圆圆的、扁扁的，看上去像最平常的蔬菜。但是市长先生是专横的。”司汤达用颇具反权威色彩的笔调结束了这段描述:“当地的自由党人声称——当然不无夸张:自从副本堂神父玛斯隆先生养成把修剪下来的树枝据为己有的习惯之后，公家雇用的园丁的手变得更加严厉了。”①

在英国式的自由主义氛围下，树木自由生长，保持天生的形态；而在法国，梧桐树却被修剪成了规定的几何形状，以体现专制统治的威仪。《红与黑》中所谈及的问题，亦是近代小说兴起之时老生常谈的话题。小说最早在法国盛行，以卢梭为代表，而当它跨越过拉芒什海峡（英吉利海峡）来到英国之后，则以霍勒斯·沃波尔为先驱，“在众多个体相互竞争的自由国度，它（英国园林）的花费并不仅仅取决于国家的富强

① 译注：郝运译本，上海译文出版社，1993 年。

程度”。这位肯特的狂热信徒也曾在其他文章中表达相同的态度：“阻碍法国前进的另一障碍，就是掌权者对树木生长的形态都要横加干预。风景与国王专员是无法共存的两种事物。”

尽管这一观点已经屡见不鲜，但却完全经不起推敲，如果从较长一段时间以及欧洲以外的土地来看，这一观点的可信度便会大打折扣。诚然，所谓的“法国式园林”，以凡尔赛宫为例，是君主用来体现国家荣耀与集权统治的工具，以太阳王路易十四为首，紧随其后的是彼得大帝，他想在圣彼得堡建立一座超越凡尔赛宫的宫殿。时至 18 世纪，园林设计师与极权统治者的唱和仍未结束，而在美丽时代的平静外表之下，这样的一唱一和更是出人意料地达到了新的巅峰。

如今的人们或许很难想象，到了 19 世纪末，勒 · 诺特这个名字已经几乎不再有人提及。1887 年，皮埃尔 · 德 · 诺亚克（Pierre de Nolhac，1859—1936）被任命为凡尔赛宫馆藏保管员时，曾表示凡尔赛花园内是一片颓败的景象，“几乎没有外人前来，似乎只属于城中居民”。

巴洛克式时期的法国园林可谓颜面扫地，而法国人对于园林的品位也从 18 世纪开始逐渐转变，其中浪漫主义扮演了非常重要的角色。到了 19 世纪，园林的主人竞相把自己的“法国式花园”改造为“风景式花园”，其中许多还是旧王朝的拥护者（顺便以事实证实了司汤达的论调）。之后，随着大型工业城市的兴起和铁路设施的兴建，旧时的“法国式风格”也渐渐退出了历史舞台。

在那个时期，致力于改造土地的园林工程师们进行了深入的研究，他们希望借机将园林作为一门艺术发扬光大，认为园林建造史应当为世人所知，1869 年出版的《巴黎漫步》（*Promenades de Paris*）便是这一科学梦想的有力证据。法兰西第二帝国时期巴黎园林建设的先驱阿道夫 · 安芳德（Adolphe Aphand，1817—1891，上文中对勒 · 诺特的竞争对手之一安德烈 · 莫莱的评价，有些便出自此人之口）不得不屈尊坦承：“勒 · 诺特的作品展现了全景性、整体性以及图案的组合、线条的宽阔、地形的起伏和风貌的多样，这些都是过去那些中规中矩的园林中所不曾有的。”他随后话锋一转，犀利地指出：“然而局部设计仍保留了过去的小家子气。园中的花坛总是了无生机，复杂的图案也毫无意义。而花坛中的植物，灌木也好，鲜花也罢，都没有展现出理想中的蓬勃之态。步行道的路缘石僵硬刻板，通道数量太多，与访客漫步的需求和园林整体的布局都不相宜。花坛的装饰细节过于繁复，又十分幼稚。此外，通道旁的树木按照严格的标准栽植，这是老式法国园林惯用的方式，毫无新意可言。综上所述，所有的一切不过是对旧时作品的复制和延续罢了。”

在上述论证之后，安芳德毫不犹豫地开始分析卢森堡公园部分区域的景观布局，并计划将其运用到杜伊勒里花园的建设中。当子爵城堡易主之后，新主人委托安芳德的弟子亨利·迪歇纳（Henri Duchêne，1841—1902）对已经荒废的土地进行翻修，后者果断对通道进行了清理，并用“英国式”草坪替换了刺绣品般烦冗且已经破败得几乎消失不见的花坛。

与此同时，欧洲人的品位也在逐渐变化着。在英国，威廉·安德鲁斯·尼尔斯菲尔德（William Andrews Nesfield，1793—1881）、瑞吉纳德·布鲁姆福德（Reginald Blomfield，1856—1942）和伊尼戈·崔格（Inigo Triggs，1876—1923）发现，都铎王朝时期（狂热的复兴运动在数年之前终结了新哥特风格的霸主地位，以英国式风格建筑取而代之），园林设计开始采用笔直的线条，出现了结节园（knot gardens，花坛呈饰带状分布），其英伦气质绝不逊于布朗或亨弗利·雷普顿（Humphry Repton，1752—1818），善于园林设计的建筑师们也将这种气质发扬光大。此时，英国和美国有一众意大利文艺复兴派的爱好者，如伯纳德·贝伦森（Bernard Berenson，1865—1959）、伊迪丝·华顿（Edith Wharton，1862—1937）以及查尔斯·莱瑟姆（Charles Latham，1795—1875）等，他们重修了文艺复兴全盛时期的园林，或是从伦巴第河沿岸以及意大利南部海岸汲取灵感，直接修建全新的园林。从20世纪初开始，规则性逐渐回归到欧洲园林，最终形成了后来的装饰艺术园林。

在法国，规则性园林的回归很快就被赋予了政治色彩。当时的法国与欧洲各国一样，批评家们都在重新审视巴洛克式（在当时的法国被称为

“古典式”）与洛可可式风格的艺术成就，各种艺术形式都在充分汲取象征主义与巴那斯派的精髓，如皮埃尔·皮维·德·夏凡纳（Pierre Puvis de Chauvannes，1824—1898）和莫里斯·丹尼（Maurice Denis，1870—1943）代表的绘画艺术，勒贡特·德·列尔（Leconte de Lisle，1818—1894）与亨利·德·雷尼埃（Henri de Régnier，1864—1936）代表的文学诗歌等。相比之下，法国式园林的复兴运动显得有些滞后。

美丽时代（Belle Époque）其实是“两个法兰西”激烈对抗的时期：一方是以德雷福斯派为大多数的非宗教共和国，另一方则是寄望于复辟旧制的反犹太极端天主教国家（作家佩吉除外）。在这场对抗中，价值观（道德观、政治观、美学观等）被认为是法兰西智慧的具体体现，维护和弘扬各自价值观的呼声甚嚣尘上，在这一背景下，勒·诺特的作品成为右派保皇党人的多个派系和“法兰西行动”（Action française）的工具。由此，勒·诺特的名声再次响彻法兰西，众多的历史研究、著作以及园林作品都有记载，这也让他在辞世之后获得了长眠于巴黎先贤祠的荣誉。

勒·诺特于1700年逝世，其逝世200周年祭典的筹备过程却更像是园林界的一场摩擦碰撞。参与者均来自园林爱好者协会（Société des amateurs de jardins），该协会大部分成员是贵族，后来还出版了一本内容丰富的《园林爱好者逸事》（*Gazette illustré des amateurs de jardins*）。该协会将所有不坚决支持法国式园林的人都列入了黑名单。然而这只是个开始，到了勒·诺特诞辰300周年之时，双方的对抗再度升级。

从1908年开始，记者让·马克·贝尔纳（Jean Marc Bernand）与景观建筑师莫里斯·吕凯（Maurice Luquet）共同发起了一项调查，调查结果由“法兰西行动”参与创立的出版机构“新国立书社”（Nouvelle Librairie nationale）发布。这项调查收集了当时有名的文人，如法古斯（Fagus）、科皮肖特（Corpechot）、巴雷斯（Barrès）、班维尔（Bainville）和安娜·德·诺阿伊（Anna de Noailles），以及一些园林艺术家对以下三个问题的回答：（1）您如何看待法国式园林？（2）您认为法国式园林的复兴是一种时尚潮流，还是法国人思想与品位的演化？（3）您认为这是否具有教育意义？这一项调查虽然被视为当时唯一与弗朗西斯·卡尔科（Francis Carco，1886—1958）的观点背道而驰的声音，但实际上这只不过是一种指东打西的障眼法，真正意图是要借机说明，法国园林的问题与如今所有的政治、社会和艺术问题一样，都超越了问题本身的界限。无论我们是否愿意，这个问题都触及了人类灵魂的原则。所有的一切，都发生在莫拉斯（Maurras）和勒内·昆顿（René Quinton，1866—1925，法国“固定论派”的生物学家，极力反对进化论，受到德雷福斯派同僚的鼓励与支持，曾提出海水可以代替人类血浆的科学学说，在“法兰西行动”组织眼中是法国科学的荣耀之光）所在的法国。最终，这一切在战斗口号声中结束，“这项调查展现了自然原力夺取胜利的美好景象，我们花费了四年的时间，终于得以体面地战胜野蛮”。“圣乔治与圣丹尼！”如果次年博尼·卡斯特兰（Boni Castellane，1867—1932）没有在勒·诺特诞辰300周年祭典筹备会上发表一番激烈言辞，我们或许真的要好好讽刺一番上述的话语。卡斯特兰既是金融家，又是爱国者同盟（Ligue des patriotes）与法国西方社（Grand Occident de France）的成员，私下资助和保护《反犹太人》杂志。他在那一天的会议上说道：“国家建筑与园林建筑，都成功坚持了下来。”

贝尔纳和吕凯收集到的所有答案中，最符合泽夫·斯坦贺尔（Zeev Sternhell）“法国极端主义”意识形态的，当属乔治-欧仁·法耶（Georges-Eugène Faillet，1872—1933）给出的答案，“满目的废墟激发了全民情感，推动了全国范围内的再创造，从而成就了法国式园林的复兴”。法古斯注解道：“这位保皇派天主教诗人（他也这样形容自己）、《西方》（*L'Occident*）杂志的主编，将所谓的‘满目疮痍’归咎于民主的野蛮行径，归咎于梅尔黑姆（当时的革命派工会领导人）。”然而，最终是吕西安·科皮肖特（Lucien Corpechot，1871—1946），这位曾经是奥尔良派，后转向“法兰西行动”的政论记者，在献给莫里斯·巴雷斯（Maurice Barrès，1862—1923）的《智慧的园林》（*Les Jardin de l'intelligence*，1912）一书中，将勒·诺特比作超越国家主义的“天才”化身。

这本由记者而非历史学家所著的作品一度跻身畅销书排行榜，拥有很高的学术价值，是研究勒·诺特的必备书目。在此之前，唯一与勒·诺特相关的研究资料，还是科皮肖特自己曾引用的内容——勒·诺特的侄曾孙查尔斯·高斯林（Charles Grosselin）的大量文件、皮埃尔·德·诺拉克（Pierre de Nolhac）的《凡尔赛宫的历史》（*Histoire du Château de Versailles*）和昂拉尔的《考古学教科书》（*Manuel d'archéologie*）。总体来说，相关资料非常稀少，而能够与科皮肖特的著作比肩的，则要数50年后欧内斯特·德·加奈（Ernest de Ganay，1880—1963）研究勒·诺特生平的著作。不过，科皮肖特的创新观点在当时并不为主流意识形态所接受。在作品的引言部分，他便写道："即便法国文化正在逐渐消亡，勒·诺特的园林也从来不曾背弃传统，始终秉承法兰西精神的精髓，为后世的园林艺术家提供了纯净而完美的启迪。我们的园艺师与古希腊的建筑师一样，提炼出了国家精神的核心，并极尽可能地将之展现在世人面前。正如勒·诺特所认为的那样，相信法兰西是世界上唯一能够真正理解园林艺术的民族。"

这种沙文主义思想让科皮肖特刻意忽略，甚至有意贬低意大利文艺复兴对法式园林特色的影响，他在文中写道："它（意大利文艺复兴）把中世纪的一切矫揉造作进行放大，企图让法国的园林师们偏离新生且珍贵的传统。"这是多么荒谬又排外的言论！所有这些模棱两可、空洞的描述，以及对"智慧"的颂扬，最终都融汇为赞美法兰西民族的颂歌，但这些都不足以展现勒·诺特、高乃依、拉瓦锡和巴斯德及其后世的博爱之心，他们同为人中龙凤，是他们塑造了法兰西民族亘古不变的英雄形象，之所以不变，是因为他们都是充满智慧的艺术家。勒·诺特不仅是那个世纪的英雄，不仅曾与雄辩之才博须埃（Bossuet）交锋，不仅曾为太阳王服务，他还在这片土地上勾勒出了一个永远充满热情的法兰西蓝图。反观科皮肖特反复使用的"智慧"一词，真是令人反胃。同样，在他于1936年出版的长达三卷的回忆录《一个记者的回忆录》（*Souvenirs d'un journaliste*）中，我们也只记住了他那份为种族主义辩护的彻头彻尾的国家主义思想。

综上所述，我们是不是就能够得出司汤达在《红与黑》中所表达的结论——法国式园林与独裁专制之间存在着必然联系呢？笔者认为不能。喜欢巴赫的《受难曲》并不代表皈依基督，对吴哥窟建筑叹为观止也并不意味着对红色高棉的认可。艺术只是表达与表现。波德莱尔（Charles Baudelaire，1821—1867）曾说：“艺术从转瞬即逝中获取永恒，这种转瞬即逝不是流行也不是时事，而是艺术家留给时代的（宗教、政治与艺术形态方面的）‘讯息’。”回到园林领域，也可以说施行民主与欣赏勒·诺特的园林并不冲突矛盾。

再者，如果园林与独裁统治之间真的存在“命中注定”的联系，那么玛丽·安托瓦内特对特里亚农宫中的岩洞与农场赞赏不已，在阿图瓦伯爵（未来的查理十世）为其建造的巴加特勒庄园（Bagatelle）里选择了“英中式园林”的建筑风格，对此又该如何解释呢？

1777 年，玛丽皇后为了赢得和表姐打的赌（在短短数周之内建造起巴加特勒庄园），毫不犹豫地对瑞士近卫队指手画脚——这在后来也成为人们指责她专横无知的证据之一。如果正如司汤达在书中所描写的那样，法国园林的树木都经过严格修剪以显示独裁，那么作为旧制度的支持者，作家夏多布里昂在对复辟政权失望透顶之后，在他的狼谷庄园（Vallée aux Loups）种植了造型多样的树木，如木兰、雪松以及地中海松等，这一现象又该如何解释？

让我们再次把目光聚焦到与法国隔海相望的英国。“自然”园林能够形成的核心原因是自由的政治——这一说法首先便反映了这样一个概念：从 1688 年革命时期到 18 世纪，英国的园林风格经历了一场变化。对此，至少有两处细节可以用来反证这一概念。其一，我们从肯特、霍尔、布朗等人的建筑作品中，不仅能够看出庄园主人殷实的家境，还能够看出他们在战场上的英勇地位；其二，一个世纪之后，安德鲁斯·纳斯菲尔德（Andrews Nesfield，1793—1881）在为布朗的后人设计园林时，引入了意大利文艺复兴、都铎王朝以及法国 18 世纪时期的风格，他为沃斯利修建的花坛便是从勒 · 布隆的作品中汲取了灵感。直到 20 世纪 20 年代中期，马尔堡公爵在法国雅尔纳克（Jarnac）给了园林设计师们的梦幻神话沉重一击：他要求园林界的拿破仑——阿希尔 · 杜雪耶（Achille Duchêne，1866—1947），依照规则式风格改建布伦海姆宫（由英式园林的三位奠基人布里奇曼、怀斯及布朗联手打造），并建起了仿造凡尔赛宫的水域花坛。

以上这些例子充分表明，欧洲园林风格的变换并不单纯地只与政治形态有关。位于世界东方的中国与日本，同样对司汤达的观点提出了反对之声。这两个国家在推崇非规则式园林的同时（图 10），不是也在经历着卡尔 · 奥古斯特 · 魏特夫（Karl August Wittvogel，1896—1988）笔下的“东方专制主义”（1957 年，魏特夫发表著作《东方专制主义》）吗？

图 10　圆明园景观
北京皇家园林，唐岱、沈源绘，1744 年

最后，还有一件事可以用来反驳司汤达的观点：很多生态与园林艺术爱好者都坚决反对栽植经过引种驯化的植物。一方面，他们认为这种经过嫁接甚至是“人造”的物种会对自然产生威胁；另一方面，他们主张种植真正的本土植物，以保持土地的纯净。

当时没有人会怀疑这种说法是过于极端的，是错误的，甚至是对某些所谓的“入侵植物”的过度防备。但是现如今，裁定哪些植物是真正的本地植物，这本身就是一场豪赌。

历史学家及园林设计师哥特·格鲁宁（Gert Gröning，1944—）的经典著作中，曾有关于德意志第三帝国不为人知的、禁止种植非本土植物的政策的记载，非常值得关注。“1942 年，在梅丁（Mäding）与卫平（Wieping）合作颁布园林建设条例的同年，一伙受图克森保护的植物学家将‘反对引入非本国植物’的行为类比为种族主义者打击其他民族、反对布尔什维克主义。随后，在卡斯特纳（Kästner）的发起下，这些植物学家提出倡议，呼吁彻底清除小花紫堇，他们认为这一外来物种会与本土的大花紫堇的生长产生竞争，从而摧毁德意志国土上风景的纯净。倡议书的最后一句这样写道：‘之所以进行打击布尔什维克的战争，是因为我们的文化正在遭受侵袭；同样地，之所以反对引入小花紫堇，是因为我们本土的作物正在遭遇攻击。’”

这些句子如今看来，是否就像是愤青所说的狂妄之语？然而当时的情势就是这样荒谬。在那种情形下，德国纳粹党能够登顶政坛就是最好的例子。[正如西蒙·沙马（Simon Schama，1945—）所记述的那样，赫尔曼·戈林（Hermann Goring，1893—1946）没有登基，公元 9 年阿米尼乌斯（Arminius）古森林战役，日耳曼切卢斯克部落战胜了古罗马军队，戈林是雅利安人荣誉的守护者？]

如今，纳粹德国已经成为历史，但是其发动的浩劫在全世界的记忆中都留下了烙印。相比于各类著作争相讨论的园林艺术形式这一课题，以下这个问题的答案更具开放性：如果政治与园林艺术之间确有联系，那么这种联系绝不简单，也无法一一对应，无论如何，都比司汤达在小说中所阐述的那种联系要复杂和迂回得多。

本章参考文献

[1] BERNARD, Jean-Marc, et LUQUET DE SAINT-GERMAIN, Maurice, *La Renaissance du jardin francais*, Nouvelle librairie nationale, Paris, 1913.

[2] BLOMFIELD, Reginald, *The Formal Garden in England*, Londres, 1892.

[3] CORPECHOT, Lucien, *Les Jardins de l'intelligence* (1912), rééd. *Parcs et jardins de France (Les jardins de l'intelligence)*, Plon, Paris, 1937.

[4] DUCHÊNE, Achille, *Les Jardins de l'avenir. Hier, aujourd'hui, demain*, Vincent et Fréal, Paris, 1935.

[5] NOLHAC, Pierre de, *La Résurrection de Versailles,Souvenirs d'un conservateur (1887-1920)*, réédité et présenté par Christophe Pincemaille et Olivier de Rohan, Perrin, Paris, 2002.

[6] RÉGNIER, Henri de, *La Cité des eaux* (1902), La Trirème, Paris, 1946.

[7] ROGER, Alain (sous la dir. de), *Maîtres et protecteurs de la nature*, Champ Vallon, Seyssel, 1993 (pour le texte de Gröning).

[8] STERNHELL, Zev, *La Droite révolutionnaire en France, 1885-1914*, nouvelle éd., Gallimard, Paris,1997.

[9] TRIGGS, H. Inigo, *Art of Garden Design in Italy*, reprint de lédition de 1906, Atgen, Londres, 2007.

-*Garden Craft in Europe*, reprint de l'édition de 1913, Jeremy Mills, Londres, 2008.

-*The Formal Garden in England*, 1892.

[10] WHARTON, Edith, *Italian Villas and Their Gardens* (1904), avec des illustrations de Maxfiel Parrish, nombreux reprints aux Etats-Unis. *Villas et jardins d'Italie*, trad. par M. Hechter, Tallandier, Paris, 2009.

爱情

> 就这样，阿尔滨与塞尔热消失在园子深处。阿尔滨的耳朵贴在树上，仿佛新婚的女儿娇羞地聆听母亲的细语。
>
> ——埃米尔·左拉（Émile Zola，1840—1902）
>
> 《莫雷教父的过失》

作者左拉在之后的篇幅中以诗一般美妙的语言描写植物景观（与笔者在一年之后读到的戴维·赫伯特·劳伦斯（D.H.Lawrence，1885—1930）的作品《查泰莱夫人的情人》中的描写类似）：“弯曲的树干像是被大风吹得直不起身来……盛开的花朵张开唇瓣，尽情释放着心灵；云朵或纹丝不动，或逍遥飘散，天空里只留下太阳落山时的余晖，天际处倾泻下非凡的快乐。整个花园都在欢欣地鼓掌欢呼。”

“整个花园都在欢欣地鼓掌欢呼”，这个场景的确很动人，不过人们想象之中的帕拉度园就该是这个样子：广袤无垠，基本采用法国式的线条设计，建成后在很长一段时间内被人忘却，慢慢失去生机，渐渐变为荒园。园中还有小说的主人翁阿尔滨与塞尔热，但扮演启示者的角色、推动故事发展的核心动力既不是阿尔滨，也不是塞尔热，而是这座帕拉度园：泛神论试图以更强大、更符合人欲的真理取代基督教，但以失败告终，沦为社会惯例与宗教习俗的牺牲品，直到最终被征服。

《莫雷教父的过失》（*La Faute de l'abbé Mouret*）的第一篇，描写了年轻的塞尔热·莫雷的精神斗争。普罗旺斯省内有一个被人遗忘的村庄叫作阿尔托，塞尔热是那里的新任本堂神父。他的周围是不信神明的教区居民，基本没有受过教育，生活起居简陋。教堂的神父阿尔尚西亚被内心贪婪的欲望驱使，“所见皆是恶”。生活在这种环境下的塞尔热却笃信圣母马利亚，坚持进行几乎要他濒临死亡的苦修。故事第二篇，描述了塞尔热在爱情上的收获。他在帕拉度园中沉思冥想、恢复体力时，遇见了在园中照顾康复期病人的无神论姑娘阿尔滨。两个年轻人都是如此的天真纯洁：阿尔滨成长在帕拉度园的高墙之内，而塞尔热又失去了记忆。这似乎是另一段亚当与夏娃的故事。然而，在弥漫着强烈而愉悦的生命气息的帕拉度园中，花园花草茂盛，充满活力，在春夏交替的季节里，帕拉度园如同一处花鸟树林的博览会，孕育着生命与气息。园中成片的绿荫之下，掩藏着羊肠小道与斑驳的阳光。这一切都促使着两个年轻人憧憬着爱情。

这部作品除了否认世界的存在、感知和宏伟，以及将人与生灵的联系（把阿尔滨与塞尔热比喻为太阳和植物）妖魔化之外，并没有什么所谓的过失。然而，教堂与社会中却有执掌真理的神职人员。所谓真理，在左拉看来，即是“沉重的爱”与“固执的生命”。塞尔热是教士，因这样的行为触犯了教义而遭到折磨和监禁。当他康复后走出帕拉度园时，仍然无法为了爱情而下定决心扔掉教士的长袍，回到园中与阿尔滨厮守。阿尔滨深知爱人的顾虑，便将他关在园外，让他“滚开”，自己则留在园中自生自灭。阿尔滨的死本身并不是悲剧，因为人注定是要死的。左拉在书的末尾写道：“死在园中对于她（阿尔滨）来说是无上的快乐，只有在这里，死亡才来得如此温柔。爱情之后，只有死亡。这座花园从未如此地爱过一个姑娘，她对着塞尔热做出忘恩负义的模样，并且不停地指责他，但她依旧是他最心爱的姑娘。树叶停止摩挲，道路陷入暗影，连风经过草坪时都小心翼翼……所有的一切都安静下来，不愿打破这长久的寂静……也许到了下一个季节，院内的一切都已瓦解，阿尔滨会变为花坛里的玫瑰、草原上的金柳或者森林里的白桦。这是生命最大的法则：她即将死去。”

《莫雷教父的过失》是对爱情泛神论式的歌颂，也是庆祝园林作为爱情的体现的杰作，用如今对《寻爱绮梦》（*Hypnerotomachia Poliphili*）研究最深的学者吉尔·波利奇（Gilles Polizzi，1957—）的话说，园林是“爱情”之地。左拉赋予园林的定义，更加说明帕拉度园不是，或者不再仅仅是普通的花园，它代表了一种突破。在这里，天性重获自由，一切强加的规则都可以被打破，正如阿尔滨与塞尔热的天真与激情。而在其他地方，种种禁忌必然会让他们分离。[写到这里，笔者想到了位于甘冈（Guingamp）附近的、被遗弃的凯纳巴特城堡（Kernabat），勒·诺特曾经为这座城堡设计过非常出名的园林。此外，笔者也想起自己是在1956年阅读了《莫雷神父的过失》，一年之后又读了《查特莱夫人的情人》，里面描写的树木繁茂的园林也令笔者印象深刻。]

相比之下，在漫长的中世纪，基督教传统中的“封闭园林”是典型的“圣洁之地”，只属于圣母马利亚。中世纪基督教赋予园林的这一独特形象，在众多表现“天使报喜”的艺术作品中均有体现。左拉与在他之前的欧洲作家们都不曾忽略这一形象。在左拉之前，让·德·默恩（Jean de Meung，1240—1350）在与纪尧姆·德·洛里斯（Guillaume de Lorris，1200—1238）合著的《玫瑰传奇》中，用摘下玫瑰花指代爱情，直到之后薄伽丘的《十日谈》才彻底打破了对爱情的束缚。

在《忒修斯传奇》（*La Théséide*）中，薄伽丘颠覆了基督教传统“封闭园林”这一禁锢爱情的形象。在围合成“封闭园林”的玫瑰墙外，有婉转迂回的歌声、天真纯洁的舞蹈、编织的鲜花花环等，代表着爱情的疯狂。

《十日谈》是最无惧于公然谈论“爱情”这一众所周知的事，敢于颠覆“封闭园林”中的禁锢爱情情结的作品。书中的十个青年贵族为躲避佛罗伦萨的黑死病，来到了一处园林避难。在这里，他们轮流讲述了一些爱情的故事。其中一个故事讲的是一个青年人假装自己是聋哑人，进入了修道院中，并与修女产生了爱情。后来，意大利导演皮埃尔·保罗·帕索里尼（Pier Paolo Pasolini，1922—1975）精心编排，将《十日谈》搬上了大荧幕，向伟大的薄伽丘致敬。

此后，欧洲园林作为“爱情”的属性又与新婚之夜所唱的《雅歌》（Chant de Salomon）联系在了一起：

我的妹妹，我的新娘。你是一座上锁的花园，
密封的泉源，关闭的水池，你的作物形成石榴园。
北风啊，起来吧！
南风啊，醒来吧！
吹向我的花园，
使它的香气外溢。
让我的爱人来到他的园中，
品尝最好的果子。

有时，又具有颂诗细腻的特点：

哦，花园啊，小小的天堂，
维纳斯和她的美德从这里出发，
丘比特也从这里拿着折断的箭走过。

《寻爱绮梦》是一部专注于园林艺术的西方文学经典，尽管内容不如《十日谈》那样关注于爱情，但仍可被视作欧洲文艺复兴时期园林爱情特征的写照。

爱情促使波利菲洛（Poliphilo）穿过一座座花园去寻找他的波莉娅（Polia），这些花园一座比一座更美妙、更令人惊叹；最终，两人在西塞拉岛中央的一座展现了物质、象征、感性与心智梦境的环形花园中相遇。波利菲洛的爱情并非来自丘比特——小爱神经常出现在18世纪非教徒所作的画作中，以射箭促使男女心生爱慕。波利奇在《寻爱绮梦》法语版（由让·马丁整理）的再版介绍中指出，这是新柏拉图主义的爱情："马尔西利奥·费奇诺认为'爱情是宇宙间创造艺术的大师'。"然而笔者认为，从人文主义的角度出发，《寻爱绮梦》与费奇诺的主张并不完全符合。从某些细节考虑，这种"爱情"更符合亚里士多德和伊壁鸠鲁的描述。

《寻爱绮梦》用拉丁语混合含有拉丁语词尾的威尼斯意大利语、希腊语以及象形文字写成，阅读起来十分困难，而书中的版画从众多的建筑及建筑相关（尤其是窗户装饰）、园林等艺术形式的作品中汲取灵感，与文字一样引人注目。本书共有两册，其中下册的故事由波莉娅讲述，以环环相扣的小说笔法，叙述了她与波利菲洛分离前的爱情故事与后续的重逢（这一段在上册中有所讲述）。该书的出发点与中世纪文学有着共同之处，以回归古希腊古罗马时期的造型和哲学理论为名，用"梦境"之美对抗哥特时期的"蛮夷"。而《寻爱绮梦》的上册则从西塞罗的《斯皮墉之梦》（Songe de Scipion）中汲取了灵感，采用与纪尧姆·德·马肖的《维尔吉叶之梦》（Le songe du vergier）和勒内·安茹（René d'Anjou，1409—1480）的《炽爱之书》（Le Cœur d'Amour épris）相同的故事脉络，并未讲述真实故事，而是描述了梦境：波利菲洛在某天夜里，因为失去心爱之人（即波莉娅，文章开头并未提到她的名字）而无法入眠，辗转反侧，直至天明（图11）……

图 11　普瑞帕的胜利
《寻爱绮梦》（*Songe de Poliphile*，也有翻译为《波利菲尔之梦》）版画，1499 年

在梦中，他醒来后发现自己身处装点着鲜花与绿色植物的平原之上，他沿着一条看上去平和宁静的路漫步，慢慢进入了越来越黑暗、狭窄和深不见底的森林之中，最终来到了象征地狱的“幽暗林间”，只有攻克了这里，他才能进入“安乐之所”。在经历了第二个考验（口渴）之后，他来到了所谓的“边境”——“被巨大的金字塔形围篱封锁的河谷，上方有一座宏伟的方尖碑”。主人公在经历了若干考验之后（其中最后一个考验可谓之“重生”，此处借用了比喻手法：主人公需要穿越一条细长漏斗状的峡谷），最终成功通过了“边境”。

小说融合了两种描写：一是对波利菲洛所发现的精美建筑与园林景观（有时已成废墟）的描写，这部分内容彰显了古希腊古罗马时期而非哥特时期的风格；二是对波利菲洛爱情萌发过程的描述。该书的西班牙语版本将书名译为“梦中爱的纷争”（pugno d’amore in sogno），最终他也找到了失去的爱人波莉娅。

由此看来，虽然该书自始至终都符合柏拉图主义“二合一”理念，波莉娅被设定为智慧的化身，但其中关于园林内部的精致描写，使之并不应当被视作一本柏拉图式的爱情小说。相反，正如《玫瑰传奇》一样（抛开德·洛里斯的诗中反对象征主义的内容，只看其极具批判性、现实主义与颠覆性的文字以及德·默恩所著的部分），园林中的爱情对于年轻的情侣来说，是最大的幸福：他们分别象征着索菲亚与普里阿普斯，一起走向了维纳斯的神殿。

对《寻爱绮梦》研究最为细致的当属法国作家拉封丹，而他亦没有在上述问题上犯错。受到先境遇主义影响，这位寓言作家常以波力菲洛（Polyphilo）之名进行创作，用这种“i”和“y”相替换的文字游戏来说明自己与波莉娅的爱人波利菲洛有所不同，自己并非是某一位女子的爱人，而是很多女人倾心的对象。拉封丹的朋友和思想保护者尼古拉斯·富凯拥有一本爱尔蒂尼版的《寻爱绮梦》，拉封丹还为其撰写了一部《沃城之梦》，对这位失去了路易十四信任的朋友表达惋惜。

1661 年，沃城子爵城堡刚刚落成之际，便迎来了太阳王路易十四御驾亲临，那场盛大的宴会、挥金如土的财务大臣富凯及其此后的悲剧，留下的传说至今仍为人津津乐道。拉封丹在一封著名的信件中曾经提到过相关内容，保尔·莫朗（Paul Morand，1888—1976）等作家都在作品中谈到过这一事件。笔者与舍妹德尼斯合著的作品《法国花园小说》亦曾有所涉及。拉封丹的信足以让笔者相信，他本人也是这起事件的组织安排者，又对整个事件进行了梳理，而后，这位寓言作家还汲取了《十日谈》的精华，编写了《沃城之梦》。

我们无法一一列举见证了爱情与园林相融合的作品。仅以 18 世纪的法国为例，就能够列举出各种形式的作品：从感性（卢梭的《新爱洛依丝》）到倜傥不羁（弗拉戈纳尔与维旺·德侬），从暧昧（华托与拉莫）到粗野（布歇与米拉波），再从充满激情（博马舍《费加罗的婚礼》及莫扎特《费加罗的婚礼》的最后一幕）到风流浪荡（吉尔维斯·德·拉·杜什的《好家伙修士无行录》）……这种种爱情不仅仅来源于想象，更源于现实。

华托创作的绘画《风流节日》（Fêtes galantes），其灵感便源自卢森堡公园。不是如今已成为法国参议院的卢森堡宫，也不是当年布瓦索（Boyceau）为玛丽·德·梅迪西斯建造的卢森堡公园，而是《乘船赴西塞拉岛》中美妙的卢森堡：树木繁茂，历经长年的关闭与失修，重新打开大门。查理四世的遗孀、百丽公爵夫人曾在园中举办了无数奢华的狂欢宴会，禁止无关人员入内。最终，这个年轻女人因为饮食过度和疾病，年仅 24 岁便香消玉殒。

在华托时期的巴黎，哪里才是对女孩子献殷勤的最佳场所呢？或者说，有哪些大型园林是对外开放的呢？一处是巴黎皇宫，即当时的奥尔良公爵府邸，正如歌中所唱，“这里的年轻女孩都待字闺中”；另一处便是杜伊勒里花园，路易十四将宫廷迁往凡尔赛宫后，他便下令开放杜伊勒里花园。然而，根据多里曼（Dorimant）为《巴黎的漫步道》（*Les Promenades de Paris*）这部作品所加的前言中的描述，夜幕之后的园林成了某些人的欢乐场，当时的人们迫切希望这座花园能够在夜晚闭门。

值得一提的是，如果瑞士近卫队的费德里西（Federici）提交给上级的报告 [这些报告近日已由历史学家阿莱特·法尔吉（Arlette Farge，1941— ）整理发布] 准确无误的话，在香榭丽舍大街旁的灌木丛里也能找得到类似的场所。

如今，杜勒伊花园不会再为纵酒狂欢而敞开大门。半个世纪以来，社会风俗发生了翻天覆地的变化，如今公园长廊上相拥亲吻的情侣已经不会招来异样的目光。公共园林依旧是爱情之所。

穿着牛仔裤的犹太少年，每个周六的下午都在肖蒙山丘公园的河边进行露天表演，传唱着兰波的《传奇》：

我们并不当真，当我们年方十七，
当我们散步的地方有菩提。

沿着塞纳河的岸边，到杜勒伊花园或到雅克·维尔茨（Jacques Wirtz，1924—2018）在卡鲁索凯旋门附近新修建的公园去，这里弥漫着恋人间的暧昧。我们也会联想到布洛涅森林里火热的夜晚，这是巴黎经久不衰的气息。

爱情，并不仅仅是西方才有。在园林和其他领域中，亚洲地区也早已经出现了相同的现象。来自波斯、印度、中国和日本的版画和手稿便是充足的证据。《古兰经》的经文以及其他文学作品中也同样开放地讨论着爱情的快乐。

本章参考文献

[1] BOCCACE, *Décaméron*, Le Livre de poche, Paris, 1994.

-Théséide,traduction manuscrite anonyme du xve siècle,bibliothèque du château de Chantilly.

[2] CASELLA, Maria-Theresa,et POZZI, Giovanni, *Francesco Colonna: Biografia e Opere*, Padoue, 1959.

[3] COLONNA, Francesco, *Le Songe de Polipbile*,version translittérée et présentée de la traduction de Jean Martin par Gilles Polizzi, Imprimerie nationale, Paris, 2004.

-*Le Songe de Polipbile ou I'Hyptérotomachie de frère Francisco Colonna*,littéralement traduit,avec notes par Claudius Popelin et figures sur bois gravées a nouveau par A. Prunaire, Isidore Liseux, Paris, 1883(bien que présentant, semble-t-il,des défauts,cette traduction est complète au contraire de la précédente;et les gravures sont reprises de l'édition originale aldine et non de celle,francaise,publiée dans la"traduction"de Jean Martin,chez Kerver au XVIe siècle).

[4] GERVAISE DE LA TOUCHE, Jean-Charles, *Dom Bougre,portier des Chartreux*, Eurédif, Paris, 1978.

[5] KRETZULESCO-QUARANTA, Emanuela, *Les Jardins du Songe*, Les Belles Lettres,éd.revue et corrigee, Paris, 1987.

[6] PIGEAT, Jean-Paul, *L'Erotisme au jardin*, Flammarion, Paris, 2003.

[7] VIVANT DENON, *Point de lendemain*, Gallimard, "Folio classique", Paris, 1999.

城市

> 我是城市人，我热爱自由的空气与园林。
> ——让－克劳德－尼古拉斯·福雷斯蒂尔（Jean－Claude－Nicolas Forestier）
> 引自让·季罗渡（Jean Giraudoux）《满载权利》（*Pleins Pouvoirs*）

园林是人工打造的“第三自然”，而城市则是人类最宏伟、最复杂的作品，因此从根本上来说，园林始终与城市存在一定的联系。然而，最早的园林并不一定都在最初的城市中，这些城市的边界可能是固定的，也可能处于变动之中。当人类不再以打猎为生，逐渐出现以农业和手工业为基础的固定居所时，园林也成为新空间布局中的重要一环。起初，是果园与菜园；之后，出现了一些类似于伊甸园缩影的园林，在生产水果和蔬菜的同时逐渐融入了艺术追求；最后，在一些逐渐向民主演变的社会中，私家园林开始对外开放，成为重要的公共空间。

在“公共空间”这个现代城市规划中的核心概念出现之前，城市中园林的景象和规模直接反映了园林所有者的财富和社会地位。这也是大部分园林都不对普通民众开放的原因。而皇家贵族的庄园规模非常大，其中一部分是专用于举行狩猎活动的猎场，狩猎也是园林所有者享有的特权。法国作家布瓦洛（Nicolas Boileau，1636—1711）毫不掩饰未能成为园林主人的懊恼，他曾在作品《巴黎的尴尬》（*Les Embarras de Paris*）中写道："对于有钱人来说，巴黎是一方乐土。无须出城就能欣赏田园风光；在种满绿树的院子里，即便是隆冬也暗藏春色；穿梭在花香弥漫的植物之间，悉心呵护自己温柔的梦。"最终，他还是买下了位于当时的奥特伊村庄（如今以布瓦洛的名字命名）的一处有园林的宅邸。

在布瓦洛的时代，欧洲很多城市的内部或边界处都出现了栽有植物且向几乎所有人开放的漫步道，以及一些用于饲养动物或举行集体活动的公共区域，如中世纪巴黎的"文人牧场"（pré aux clercs）。这些地方虽然称不上真正的园林，但在这里举行的木球活动为当时的平民提供了娱乐方式。继皇后林荫大道（Cours la Reine，由玛丽·德·美弟奇于1628年下令建造的漫步道，道旁栽有植物）之后，香榭丽舍大道落成。按梅花形种植的树木、林荫大道、人人都可以嬉戏的草地、长椅、商店、无穷无尽的活力与快乐，甚至还有自由自在的奶牛……正如"18世纪散步者"研究课题的负责人洛朗·杜尔哥（Laurent Turcot，1979—）所说，在大革命前夕，这种情景仿佛是一处"城中田园"。在这样一个出现了民主萌芽的地方，一如安琪维勒伯爵（comte d'Angivillier，1730—1809，路易十六的管家，他主张"原生都市"理念）所说，已经为之后一个世纪里盛行的"城市公共空间"的概念埋下了伏笔。

时至今日，城市中公共空间的规模已然超过了私人空间。从种植了花草的阳台到多少有些私密性的私家庄园（在巴黎六区和七区仍保留很大面积的宗教用地），虽然说城市中还保留着大量的私人花园，但是公共空间（广场、公园、森林等）的规模依然占据首位。在大部分现代社会中，园林与所谓的"绿化带"作为正在发展的城市"呼吸场所"，已经成为良好的城市化进程中不可或缺的元素（图12）。

图 12　弗拉明戈公园（aterro do Flamengo）细节图
里约热内卢，设计师为罗伯托 · 布尔 · 马克斯（Roberto Burle Marx），
雅克 · 里纳尔（Jacques Leenhardt）摄影，1961 年

在欧洲，城市空间由私到公的转变经历了三个重要阶段：首先，在17、18世纪，城市中一些大型私家庄园逐渐开放（是选择性的、循序渐进的开放，并且时常招来质疑声）；随后，在19世纪，一些私人庄园所有者或自愿或非自愿地将庄园部分或全部面积并入公共空间；最后，自19世纪后半叶起，由政府或市政厅审议，出于城市绿化等需求，修建园林与公园——事实上，这一做法一直沿用至今，不过是换个说法而已。

从17世纪开始，欧洲有大批皇家贵族园林以及修道院花园（仅在巴黎就有嘉布遣会修女会、塞莱斯丁会和查特勒会园林等）逐渐对外开放。而在欧洲以外的国家，这一做法则相对较晚，以中国为例，如今人气最旺的北京北海公园直到1925年才对公众开放。巴黎最初两座部分开放的园林分别是卢森堡公园以及皇家药用植物园，即如今的巴黎植物博物馆。随后，杜伊勒里花园也向公众敞开大门，或者更形象地说，是“半开”大门，与上述两座园林一样，杜伊勒里花园并非向所有人开放，仆人以及被认为品行低劣的人不得进入园中。不仅如此，园林是否开放还要看国王的心情。在路易十四迁居凡尔赛宫之后，园林设计师们多番向大臣们保证公众会遵守规定，爱护园中的植物，大臣们这才向国王进言，杜伊勒里花园也终于得以向公众开放。而摄政时期的卢森堡公园，则由百丽公爵夫人下令禁止无关人员入内。

英国的情况与之完全相同：虽然查理一世（1600—1649）在政治和宗教上奉行专制主义，但他却为伦敦市民敞开了海德公园的大门；此后，其子查理二世（1630—1685）在克伦威尔（1599—1658）执政十年之后重掌大权，继续执行这一颇得民心的举措，并且允许民众在圣詹姆斯公园的林荫道上散步，甚至允许他们在大运河中游泳。

自那时起，园林开放的进程不断推进，并且不再局限于首都城市内部的园林，巴黎周边地区（布洛涅森林、樊尚森林及公有森林）、柏林（夏洛滕堡宫、蒂尔加滕公园、格林尼克庄园、孔雀岛）、伦敦（圣詹姆斯公园、摄政公园、海德公园、里士满公园、格林尼治公园）等城市的重要“绿色基础设施”，包括皇家狩猎场也逐渐加入开放队列。普鲁士国王腓特烈二世曾于1740年下令修整蒂尔加滕公园的林荫大道。该大道始建于1647年，共种植了六列参天的椴树，整修之后大道更名为“菩提树下大街”[①]，成为柏林上流社会时常光顾的场所。法国国王路易十五后来下令，对市民阶级开放林荫大道，连通巴黎城区与樊尚森林。从1766年起，约瑟夫二世下令对所有维也纳公民开放普拉特公园，同时，下令建造耶格察尔（Jägerzeile）小镇，以连接维也纳和普拉特公园，国王还命人在园中设立咖啡馆、马场及游乐场等。在法国，奥尔良公爵（后来的路易·菲利普二世）则将巴黎大皇宫改造得精妙绝伦，皇宫内修建了很多咖啡馆、商店、展厅以及剧院，洋溢着自由的气息，社会各阶层人士鱼龙混杂（连当时的皇家警察都不能干涉其中事务），至今人们还记得幼年的路易十四曾在这里失足落水，险些丧命。而当时，这里已成为巴黎上流社会文化生活的中心。

这种变化反映了欧洲主要王国与帝国的政治和社会的变迁：面对不断发展的启蒙思想，国王与王室亲贵们，一部分投身于攻击专制主义与特权的运动之中，另一部分，如奥尔良公爵（菲利普二世）等人则加入了哲学家的阵营。

1789年法国大革命在加速了欧洲民主化缓慢进程的同时，也加速了园林艺术的创造，特别是城市和公共园林。但矛盾的是，相比于法国，这种创造在英国和德国表现得更为明显。

事实上，在法国发生的瓦尔密战役是一场令歌德震惊不已的历史“大地震”，也催生了大批曾属于贵族和教会的庄园的国有化。然而，随着大面积土地逐步收归国有，由此产生的巨大管理和维护问题让国民公会和国王犯了难。尽管所谓的“艺术家”们提出过许多方案，但最终，这些庄园还是以“国家资产”的名义被出售，由新的所有者们改建为主题公园。如果真如路易斯-塞巴斯蒂安·梅西耶（Louis-Sébastien Mercier，1740—1814）所说，这部分“国有”园林的修整问题以这种方式实行下

① 译注：字面意思应译为“椴树下大街”，但或许出于中文是转译自日文的缘故，如今已形成固定说法“菩提树下大街”。

去，那么受益的便是巴黎居民——此前这些园林并不对公众开放，而如今他们也可以漫步其中饱览美景了。

然而与此同时，在德国园艺大师彼得·约瑟夫·伦内（Peter Joseph Lenné，1789—1866）、梅耶（Meyer，1816—1877）以及英国建筑师约翰·纳什（John Nash，1752—1835）、帕克斯顿（Paxton，1803—1865）的推动下，一种新型园林应运而生，这就是风景式城市公共公园。

当成千上万的农村人口涌入城市，企图在工业革命中寻求机会时，伦敦等英国的大型城市开始变得拥挤，令人感到窒息。1845 年，恩格斯发表的《英国工人阶级状况》（Situation de la classe laborieuse）体现了当时情景，英国作家狄更斯也曾在作品中以极其灰暗的笔调描写了城市拥堵的场景，其中的苦涩和艰辛可谓毫无令人羡慕之处。直至议会代表埃德温·查德威克（Edwin Chadwick，1800—1890）撰写了《城市道路专责委员会报告》（1833）、《城镇卫生专责委员会报告》（1840）和《工人阶级健康状况报告》（1842）三篇报告之后，英国统治阶级才有所动摇，开始面对眼前的局面。查德威克认为，英国亟须设立并执行一项包括维护和修建公共道路在内的卫生政策，这一政策的迫切性并非只是出于人道关怀，更是为了建立新型城市布局，这一城市布局将能够帮助提高“被疾病与道德败坏威胁的无产阶级”（这是马克思的表达方式）的生产力。查德威克在其 1833 年的报告中写道：“对于长期劳作且工作环境的温度往往过高的机械师和工人及他们的健康来说，能够在休息日远离城市马路的灰尘与污浊，并和全家一起散步，呼吸新鲜空气，这才是最重要的事情。”1834 年，查德威克在发表《酗酒专责委员会报告》时补充道：“如果建立起公园、动物园、博物馆以及剧院，英国工人的酒精消费量或将有所降低。”在查德威克的理念中，城市公园应当同时具备社会功能与经济功能，成为疾病与酗酒的良药。

美国纽约中央公园是由景观设计师奥姆斯特德与他的建筑师朋友沃克斯（Calvert Vaux，1824—1895）共同设计完成的。那么，奥姆斯特德在 1850 年旅居伦敦时，是否曾与查德威克有过某种联系呢？根据其游记中所展现的主张，基本可以认为他在游历期间曾经见到过一些“社会革命者”，此外，他在自己的作品，特别是1873年著成的《都市公园与城市扩张》（*Les Parcs urbains et l'Extension des villes*）中所阐述的观点论据与查德威克的非常相近。唯一的区别在于，奥姆斯特德需要面对来自反对者的两方面意见：其一，年轻的美利坚国土上尚有大量未开发的土地亟须建设，需要大笔的资金；其二，拜欧洲人所赐，美国民众的低素质或将把都市公园变成犯罪的场所，并且会造成河流沿岸土地价格的降低。在这两点上，时间最终粉碎了反对者们的观点，证实了奥姆斯特德理念的正确。

然而不为人知的是，中央公园以及欧洲、美洲其他古代或现代风景式园林的设计模型拥有双重起源：从风格学角度看，这是18世纪贵族风景式园林普及化的产物；从城市规划角度看，纳什设计的摄政公园可被视作一种新型的私家园林。

从1800年开始，欧洲大量的书籍、杂志和广告单上开始出现有关园林规划、建筑以及陈设的模型，这一“模型”的概念（小规模批量生产或仿制）足以让埃默农维尔庄园的设计者吉拉丹侯爵及启蒙运动时期的贵族们愤怒不已。吉拉丹侯爵认为，园林应当通过精心构想、设计、融合，最后打造出“诗意般的场景”，以体现园主的哲学和美学思想。上述“模型”式的园林思维，如同启蒙运动倡导者重新演绎的古希腊、拉丁知识文化模型一样，被视为“异端邪说”。正如《论景观设计》（*De la composition des paysages*）的作者所说，“缺少品位与感觉”。而从1799年起，在莱比锡、圣彼得堡、莫斯科、佛罗伦萨、海牙、佩斯、巴黎、里加以及哥本哈根，相继出现了格罗曼（J.G. Gromann，1763—1805，据传是一位哲学老师，但真假难以确定）编写的《英式、哥特式、中式园林及公园装饰新见解汇编》，其中介绍了园林中建筑、雕像和陈设的模型。这一看似平常的书籍却引起了轩然大波，舆论认为“娱乐性园林”的诞生是一种民主手段，标志着园林和工业的结合由此开始，这种结合通过工具、报纸、种子以及园林中的陈设与建筑来体现。而在此之前的园林艺术，始终只是贵族的专属品。

很快，园林设计师们便主动抛弃了雷普顿在《红书》中提出的“每座园林都有自己的特质”的理念，开始出版各类书籍。例如加布里埃尔·图安（Gabriel Thouin，1754—1829）于1820年出版的大开本彩页《园林物种的合理布局》；1822年，约翰·克劳迪斯·路登（John Claudius Loudon，1783—1843）出版的《园林百科全书》，随后概述被翻译为多门欧洲语言；在法国出版的书目还包括《罗莱实用百科全书》（*Encyclopédie pratqiue Roret*），其中收录了博瓦塔尔（Boitard）的论文，该论文因提及了福楼拜的作品《布瓦尔与佩居榭》中“随兴使用”（usage délirant）的概念而声名大噪；此外，在同一时期，欧美还出现了很多与园艺相关的杂志。

诚然，在文艺复兴和洛可可时期，就已经有很多关于园林、花坛和图案模型的书籍出现，有一些是由弗雷德曼·德·弗里斯（Vredeman de Vries，1527—1607）等装饰艺术家所绘制，有些则是由园林师或建筑师设计而成。勒·布隆与达让维尔合力完成的《园艺理论与实践》以及简·冯·德·葛露恩（Jan Van der Groen）所著的《荷兰园艺师》等作品甚至被推为参考书目。然而在18世纪，风景式园林逐渐兴起并达到顶峰，这一类书籍似乎又被迫消失了。如果像沙夫茨伯里所说，“场所精神”（Le génie du lieu）是现代园林的灵魂，那么这种“模型”式的园林又意义何在呢？

这种观念的再度出现，以及其后在坚持设计建造千篇一律园林的设计师流派中的发扬光大，意味着某种审美得到了认可和普及，从教宗到吉尔平（Gilpin），从卢梭到康德，从华德莱到吉拉丹，都曾针对这种审美展开过激烈争论。伴随着工业和民主的进步，这种趋势很快便在风景式园林中达到了顶点。

随着工业资本主义和大型城市的诞生，风景式园林的建设规模也不断扩大，但这场运动的发源地始终没有离开工业革命的核心，那就是约翰·纳什于1812年至1827年在伦敦一处狩猎场上建起的摄政公园，这是风景式园林的奠基之作。这座园林原本并不是对公众开放的公园，将其称作“公园”或许不太恰当。不过，摄政王在下令修建这座园林时，确实有逐渐开放部分景观的打算。历经翻新的摄政公园是封闭的，采取美国“门禁社区”式的管理方式，公园主要由专为伦敦富人设计的田园式别墅组成，园林只是别墅的附属物。自 19 世纪后半叶起，很多公园纷纷效仿摄政公园的设计样式，其中，蒙梭公园设有为银行家修造的公馆，堪称此类模式中的典范。此外，由于风景式园林还承担了在城市中普及“乡村生活”所蕴含的价值观的任务，因而必须打造与“乡村生活”的功能性（特别是马术）、生活方式、礼节风俗等相得益彰的景观，同样，在这样一处公私结合的区域，管理和维护也必须精准得当。

纳什充分吸收了英国 18 世纪末景观设计师雷普顿的精髓理念，对其原先的设计仅稍作修改，在完美解决上述难题的同时，成功开创了与之前的巴洛克式漫步道截然不同的都市公园新风格。摄政公园也于 1838 年对公众开放，后者则受到了英国设计师路登和德国设计师伦内重新审读后的“雷普顿主义”影响，从他们设计建造的乡村庄园（如普鲁士的巴特穆斯考庄园）中汲取了灵感。

从此，风景式园林风格在当时各个工业国家内相继运用，并根据地区和国家的不同各有特点。英国流派（以纳什、帕克斯顿、吉布森等为代表）、德国流派（以伦内、梅耶、裴佐尔德为代表）及法国流派（以巴里莱特 - 德尚、安德烈、格拉兹尤、泰斯、德尼、瓦舍罗等为代表）的智慧，让世界范围内的园林熠熠生辉。而其中的法国流派更是因阿勒方指导下的奥斯曼巴黎城市改造项目的大获成功而闻名于世。在“新大陆”国家中，美国是一个例外。继安德鲁·唐宁（Andrew Downing）之后，奥姆斯特德与沃克斯共同打造了独具美国风格的风景式园林，同样新颖壮观。之所以能够实现这样的大手笔，是因为当时的美国还有大量未经开垦的空间。此外，风景式园林的日益精进与沃尔特·惠特曼（Walt Whitman，1819—1892）所歌咏的美国民主化进程可谓相辅相成。

由于与工业和民主的现代化相互促进，风景式园林风格在长达一个世纪的都市公园中长盛不衰。才华横溢的园林设计师们，如福雷斯蒂尔，还融会了印象派、新艺术和装饰艺术的种种元素，使得风景式园林不断发展和丰富。而当勒·柯布西耶设计出“拥有两百万居民的城市”建筑时，阶梯型建筑结构和底层架空的建筑环境却未能走出纳什及其继承者们所设定的景观框架。同样还是法国的例子，法国园林的构建原则随着技术和社会组成的变动而不断更新，阿兰·普罗沃斯特（Alain Provost，1938—）正是在这样不断更新的原则的指导下，于 1960 年至 1970 年间建造了库尔奈夫（Courneuve）的公园。

说到这里，我们应该向现代艺术爱好者、政府高官弗朗索瓦·巴利（François Barré，1939—）致敬。作为业主，他在 1981 年拉维莱特公园国际设计竞赛中提出打破程式化风格。

当时，拉维莱特公园国际设计竞赛由巴利负责主持，他在计划中明确表示该项目旨在建造“21 世纪的都市公园”。最终，建筑师伯纳德·屈米（Bernard Tschumi，1944—）的设计方案拔得头筹，他也接受了巴利坚定的创新理念。这一事件可视作是园林史上的一座里程碑。自此之后，众多都市园林作品都在尽力表现时代的复杂性。而那个时代，被人类学家马克·欧杰（Marc Augé，1935—）称为“超现代”（为了与已经过时的“现代”一词和有歧义的“后现代”一词区分），其特点包括技术推动发展，全球化带来的生活方式与经济情况差异巨大，城市扩张带来的布局紧张，以及不可预知的变化等。这种“超现代”通过艺术作品和理论思考的形式表达，旨在呈现一个难以描述而充满威胁的新世界。

在都市景观化方面，显然这样一种激荡并不是为了形成一种唯一的风格，所谓通过变化能够适应所有城市情形，如同风景式园林风格之于工业社会。面对不断变化的世界以及日益突出的全球化现象，只有独一无二的园林作品才能满足当今人类的需求。所谓独一无二，是指我们不可能把所有的园林作品归纳到同一种风格之下，尽管在 2008 年经济危机之前的 20 年内，杂志和互联网已经给人们塑造了“能源城市”的概念（但其实质仍然表达的是金融市场的“价值观”）。

尽管单一的都市公园概念和等级分明的公共园林网络在此前都曾获得巨大的成就，但是当今世界所需求的已经不限于此。城市化进程的方方面面都应当与园林化和景观化存在有机联系。

这种观点看起来并不新颖。巴洛克时期大型园林的草图对凡尔赛、华盛顿、柏林及巴黎等城市的规划都发挥了决定性的作用。勒·诺特在杜伊勒里花园中设置的轴线至今依然在西区发展中发挥着导向作用。阿勒方或许和奥姆斯特德与沃克斯一样，被同时尊为城市规划和景观设计大师。福雷斯蒂尔于 1906 年发表了著作《大城市与园林系统》，于 1911 年创立了法国城市规划师协会，他是摩洛哥城市实行欧式改建的引导人，曾在 20 世纪 30 年代为哈瓦那制定了克里奥尔特色的城市规划。

然而，如此丰富的园林财富在“黄金三十年”时期[①]几乎被人遗忘。在此期间，备受争议的摩天大楼在法国的土地上拔地而起，几乎把每一寸土地都用来建设高楼，园林设计师和景观设计师们只能在篱笆和高楼之间的绿化带上发挥才能。城市的属性消失了，与之一同消失的还有城市的各项基本设施——街道、广场、园林……

所幸的是，上述情景今天已经不会重演。街道、广场和园林都已回归城市，不仅如此，在关于有待进行城市化建设的场地的分析中，创造性的感性分析已成为实施一切新项目的先决条件。这种“景观阐释学”包含了地貌学、土壤学、气候学、对生物多样性和“景观实体”的定义、地质学、历史及文学、绘画和摄影研究等诸多领域，同时与社会科学相结合，充分考虑经济上的局限性，要求在城市公共区域的设计和整改方案中，公园和园林必须占据中心地位。这样做并非只为了创造城市的诗意或满足大众对“自然”的需求，也是因为园林和公园作为基础设施，在对水体和空气质量的控制、气候循环以及生物多样性等方面都能发挥重要作用。换言之，从某种意义上说，园林是支撑“可持续城市发展”的核心力量。

在圣保罗、热那亚、布宜诺斯艾利斯、萨洛尼卡、圣迭戈等众多沿

① 译注：是指“二战”结束后，法国在 1945—1975 年的这段时间。

海城市，由于存在封闭港口，即便拥有宽阔且满栽植物的漫步道，也难以接近城市的海岸线。在波尔多，轻轨快车的建设让米歇尔·高哈汝有机会将加龙河陡峭的海岸改建成线形花园。在巴黎和纽约，废弃的铁路设施变为了高架园林，构成城市中令人叹服的风景。在巴塞罗那和纽约的城镇中，堆积如山、被苍蝇围绕、散发着臭味的垃圾不复存在，取而代之的是生态园林。而欧洲和中国的一些其他大型园林，则效仿伐木开荒的做法，尝试了此前从未栽种过的植物，例如水稻、果树、蔬菜等。而说到工业用地复原，则不得不提到彼得·拉茨（Peter Latz，1939—）与安奈丽莎·拉茨（Anneliese Latz，1940—）夫妇为鲁尔区打造的巨型城市花园，以及理查德·哈格（Richard Haag，1923—2018）对西雅图油库公园进行的改造，这两处园林中的建筑或从原先的机床中取材，或对原有的建筑加以翻新和改造。最后，伴随着现代氧化池技术的发展成熟，很多废弃矿场也得到了改建与利用，笔者由此想到了弗朗索瓦 - 格扎维埃·穆斯杰（François-Xavier Mousquet）在法国北部阿尔讷（Harnes），将废弃矿场改造为水上园林，或者不如说，将其改造成了一处干净得可以游泳的池塘。

与不久之前的过去相比，如今城市中的花卉装饰更加丰富，也更加具有艺术野心。如果说在过去一个世纪里，葛楚德·杰克尔所创立的花草马赛克以及镶边花坛始终占据着主导地位，那么如今城市中的园林设计师们则尝试着走出桎梏，用甘蓝和蔬菜装点花坛，例如在雅克·朗（Jacques Lang，1939—）和让·保尔·皮杰亚（Jean Paul Pigeat，1946—2005）时期在布洛瓦出现的设计作品。

就这样，全球范围内的剧烈变化，正不断促进并强化着城市、园林和景观之间原本就存在的相互关系。

本章参考文献

[1] AUGÉ, Marc, *Non-lieux*, Paris, Seuil, 1999.

[2] DEBIÉ, Frank, *Jardins de capitales: une géographie des parcs et jardins publics de Paris, Londres, Vienne et Berlin*, éd. du CNRS, Paris, 2002.

[3] CRANZ, Galen, *The Politics of Park Design: A History of Urban Parks in America*, MIT Press, Cambridge, 1982.

[4] CHADWICK, G. F, *The Park and the Town*, Architectural Press, Londres, 1966.

[5] ENGELS, Frederich, *La Situation de la classe laborieuse en Angleterre*, Editions sociales, Paris, 1961.

[6] FARGE, Arlette (édité par), *Flagrants délits sur les Champs-Elysées. Les Dossiers de police du gardien Federici (1777-1791)* , Mercure de France, Paris, 2008.

[7] FORESTIER, Jean-Claude-Nicolas, *Grandes villes et systèmes de parcs* (1908), rééd. Norma, Paris, 2002.

[8] LECLER, Stéphane, *L'Utile et l'Agréable dans l'art des jardins. Quelle place pour les fonctions productives dans le jardin d'agrément?* mémoire de DEA, ENS d'architecture de Paris La Villette, Paris, 2002.

[9] LOUDON, John Claudius, *Encyclopédie du jardinage* (1822), trad. française, Paris, 1830.

[10] MAROT, Sébastien, *Sub-urbanism and the Art of Memory(Architectural Landscape Urbanism)* , Architectural Association Publications, Londres, 2003.

-“L'Alternative du paysage”, revue *Le Visiteur*, n°1, Paris, automne 1995.

[11] MERCIER, Louis Sébastien, *Le Nouveau Paris*, Fuchs, Paris, 1798.

[12] OLMSTED, Frederick Law, “Public Parks and the Enlargment of Towns” (“Les Parcs publics et l'Extension des villes”)(1870), dans *The Papers of F. L. Olmsted*, vol. V, John Hopkins University Press, Baltimore et Londres, 1992; trad. Française dans Le Dantec, Jean-Pierre, *Jardins et paysages: une anthologie*, éd. de La Villette, Paris, 2003.

-*Walks and Talks ofan American Farmer in England*, NewYork, 1852.

[13] STEFULESCO, Caroline, *L'Urbanisme végétal*, Institut pour le développement forestier, Paris, 1993. Nouvelle édition revue sous le titre *Des arbres dans la ville. L'urbanisme végétal*, par la même auteure ayant repris son nom de MOLLIE, Caroline, Actes Sud, Arles, 2009.

[14] TURCOT, Laurent, *Le Promeneur au XVIIIe siècle*, Gallimard, Paris, 2007.

[15] VERNES, Michel,“Promenades publiques” in Vaquin, Jean-Baptiste, Moret, Jacques et Le Dantec, Jean-Pierre (sous la dir. de), *Atlas de la nature à Paris*, Le Passage, Paris, 2004.

游园

> 人类的奇特之处，以及他们所具有的漂泊迷失之性，可能都可以归结于这个词——园林。
>
> ——阿拉贡《巴黎的农民》

将园林设计和园林艺术混为一谈是一种错误。将游园归为单纯的散步，也是一大谬误。

虽然在马路上、田园间、大山里或者海边都可以快乐地体验游园玩耍之趣，但是最佳的体验地非园林莫属。在一个夏天的夜晚，在安德烈·布勒东（André Breton，1896—1966）和马塞尔·诺尔（Marcel Noll，1902—1937）的陪伴下，阿拉贡来到肖蒙山丘公园，他这样描述三位诗人的兴奋："我们最终消除了烦忧，在我们面前有一片神奇的狩猎场、一处不太可能带来惊喜的实验田。可谁知道呢？这个大发现将改变生活和命运。""一片神奇的狩猎场""一处实验田"……可以说，这是一次充满艺术气质的游园经历。还记得在古典时期和浪漫主义时期，"园林"和"游园"两个概念常常被互换。

这种同源性来自园林具有的"微缩天地"特性，正如卡蒙泰勒所说，很多园林都希望能够将"所有地点和所有季节"的特点汇聚在一起。事实上，不管这些园林是新是旧，是西方风格还是东方风格，打造园林景观的目的都是要提供游园体验，再通过微缩、缩减、讽喻、象征、隐喻、暗示等手法，让游览者在游览过程中领略想象的国度，愉悦感官，沉入思考。

埃默农维尔庄园便这样诞生了，正如其设计者吉拉丹侯爵所说，"这既不是建筑也不是园艺"，而是在一种诗情画意中展现美景，营造视觉和思想上的震撼。吉拉丹侯爵计划将他所拥有的土地范围内的草地、公园、荒漠这三种原始的景观打造成让身体和思想都可以徜徉其中的画卷（这些景观之前已经由专业风景设计师让 - 马利・莫雷尔精心改造）。让我们一起来看一看侯爵本人的描述吧，看一看他在游园中，是如何将浪漫主义的感性和卢梭主义的精神结合起来的。描述的篇幅可能有点长，可是这样的好文章，怎么能够割舍呢？

在背景或前景的主体部分，我们走出屋子时找到一条单独辟出的绿树成荫的山间小路，直接将我们引到了最有意思的地方。

有时，阳光从绿荫中落下，喷泉仿佛水晶玻璃般反射出周围玫瑰花的颜色，清澈的水流、鸟儿悦耳的鸣叫、淡淡的花香都触动着人们所有的感官。

有时，这里又变得十分神秘，一座灵寝中放着两位爱人的骨灰，岩石下方有一张布满苔藓的床，可以坐在上面阅读、谈话和沉思。

远处，一片茂盛到无法深入的树林，为热恋的情侣提供了绝佳的约会之地。

在树林的尽头，树荫下可以听到远远的溪流声，遭遇痛苦的人可以在此歇息。

那潺潺的声音来自荒僻阴暗的山谷中一条流淌在布满青苔的岩石间的小溪。走着走着，山谷很快变得越来越窄，慢慢只剩下一条弯弯曲曲、十分难走的小路。多么壮观的景象啊！明亮湍急的水流穿过远处潮湿阴暗的洞穴向前奔腾，急流中掺杂着岩石、树根、草木，形成不同的障碍物，发出不同的声响，连水飞流直下的样子都呈现出各种各样的形态。……太阳光经过瀑布的反射，将这片神秘的隐蔽之处照亮，展现了这晴朗一天的魅力。有一天，美丽的伊思美妮在这里沐浴，年轻的海拉斯阴差阳错地也来到了这里。……

海拉斯的爱慕之情让伊思美妮感到非常幸福。这对忠贞爱人的美丽故事至今都镌刻在一旁的橡树上。

在这片深暗偏僻的土地上，平静澄澈的水流汇成了一个小湖，月亮在离开地平线之前一直在那里照镜子。湖边种满了白杨树，在宁静的树荫下，能看到远处有一块哲学家的纪念碑。那是为了纪念一位用智慧点亮世界的伟人，他在人世间因为淡泊名利，不屈服于那些毫无意义的伟大，而受到了迫害。

……

在大湖的一边，是干旱的悬崖，崖顶长满了松树、杉树和弯弯曲曲的柏树。在这片未被开垦的土地上，荒凉随处可见，悬崖和山脉让这里几乎与世隔绝。画家来此寻找创作灵感；不幸的爱人或失去爱人的人来此希望能够忘记痛苦，但这里是如此荒凉，爱情根本不会降临。如今，我们能看到岩石上还刻着那时相爱的人们的名字，也能看到墓碑之下埋葬的爱情。

……但很快，绿荫的郁郁葱葱和草地喜人的绿色让我们朝着山谷眺望，从眼花缭乱的景象中脱离开来，休息一下眼睛。山脚下是一片树林，蛇麻草和金银花在树干上相互缠绕，花冠相互交织。绿油油的苔藓和嫩草被几股清泉冲洗得焕然一新，周围的野生玫瑰花丛和其他带刺的花丛中，夜莺正愉快地歌唱。……

从那里出来，一片巨大的草地围场呈现在眼前，一直延伸到河边。这里是放羊的地方，牧羊犬和牧人的牧羊棒从来都不会吓唬羊群。……

茂密的柳树、桤木和杨树为我们送来了一大片阴凉，引领我们走向一座桥或者一艘渡轮。一条迷人的小道把河水分为两条支流，我们从那里穿过支流之后，看到一片香桃木和月桂树树林，林中有一个古老的祭台，各处飘来的花香和一片古旧小教堂的废墟都说明这里曾经是爱情的圣地，不过如今这里只是一个渡口。摆渡人的家就紧靠着废墟，几乎要与老教堂合为一体。

在河流的另一边是一片租田围场，在那里我们能够看到邻近山丘上的房子，一条弯弯曲曲的小路穿过各个围场，穿过种着醋栗、覆盆子和果树的篱笆。……

再远一点的地方，农夫在围场里一边唱歌一边耕种，年幼的孩子在身边嬉戏，而那些身体已经不能够再劳作的年长者则在播种后的田地里拔除坏草。劳动可以让年轻人收敛狂躁的心态，防止人们中风，对健康有益，延长寿命。劳作时也可以忘却烦恼，这些烦恼经常是财富和权力带给人的折磨。

好了，是时候结束我们的游览了，一片果园或者一片矮树林引领着我们走向回家的路。

文中所描述的美景如今已经所剩无几，只留下一些刻有诗句或哲理句子的山洞、一张长凳、一个骨灰瓮、一座刻意没有建完的“哲学庙宇”（那里的每一根柱子都刻着一位哲学家的名字，然而放在地上的其他原始的柱子令人想起永不熄灭的计划）、一个种着白杨树的小岛（卢梭起初就埋葬在那里），以及一间建在陡坡上的“哲学家小屋”，陡坡悬于池塘之上，而池塘如今已经归为私有（如同将城堡改为旅馆）。

这一“富有生命力的作品”可以和欧洲18世纪最杰出的艺术作品相媲美，它之所以没有毁于一旦，要归功于安德烈·马尔罗（André Malraux，1901—1976）[①]的政令。从某些角度看，它甚至超越了那些艺术作品。与绘画、音乐、文学不同，它难道不可以满足人的所有感官需要吗？视觉、听觉、嗅觉、触觉甚至味觉，参观者所有的感官在此都能相互交融，这些得益于游览者在作品当中不断变化的运动，这是一种将感知和情感的结合不断更新的能力。对这样完全献给思想的创作怎么会有质疑和教训呢？否则也不会让启蒙时期的其他创作如此觊觎了。时间不会陷入把艺术分为三六九等的泥潭，似乎真的可以打破固有的分级，赋予园林艺术真正的地位，而长期以来，园林艺术都被认为是“机械的”或“次要的”。

事实上，在日本，几个世纪以来，园艺设计都被认为是一种艺术实践，“回游式园林”则是其中一个重要类别。如果不是对这种流传千年的艺术有足够的知识和研究，我是不敢妄自介绍它的来龙去脉的。“回游式园林”起源于中国，后在朝鲜兴起，公正地说，我认为其中最出色的两个作品当属平安时代（794—1185）的“池泉回游式庭园”以及江户时代（1600—1868）的“大回游式庭园”（这是后人起的名字），它们的建成时间相隔了几个世纪。

池泉回游式庭园如今已完全消失，我们之所以还能对这一艺术形式有所了解，要归功于两部著作：1000年左右，日本贵族女诗人紫式部（Shikibu Murasaki，973—1014）撰写的小说《源氏物语》，以及11

---

① 译注：法国小说家、评论家、政治家、1933年龚古尔文学奖获得者、法国前文化部部长。1962年法国颁布的《马尔罗法》，创设了历史保护区的相关法律，是将历史保护区问题植入城市规划法的特别法令。

世纪末，关于平安时代园林的艺术经典专著《作庭记》，作者可能是橘俊纲（Tachibana no Toshitsuna，1028—1094）。

第一部作品令人称奇，书中多处描绘了皇子源氏在庭园池塘中划船的景象。这些描绘的画面使我们隐约可见当时水上游览的盛况（中国描绘园林以内陆景色为主，而日本是一个岛国，所描绘的园林景色大多都是水上风格）：

两艘节日的游船分别拥有龙和神鸟样式的船头，富丽堂皇的船身装饰有中式风格的饰品。手拿船桨或钓竿的孩童，头发都盘着中国式的发髻。当船只来到大池塘边时，皇后的女侍们甚至以为自己来到了一个陌生的国度，她们的眼神中透露着兴奋和激动，当她们沿着岛湾的岩石行走时，连看一块小石头都像在看一幅画卷。四处的树枝浸入薄雾当中，宛如一幅铺开的花锦缎。在女士园林这边，我们能够预见到未来的景象，变绿的桤木任由它的树枝垂下，花儿绽放出难以描述的美丽。在别处都已经是开败了的季节，这里的樱桃花却依然微笑般绽开，紫藤萝盘绕在走道边，闪耀着壮美的色彩。黄麻倒映在池塘的水中，枝丫越过了两边的河岸，景象最为壮观。水鸟嘴里叼着小树枝，成对飞行，绣于锦缎上的鸳鸯怕也就是这般活泼吧。

这种欢愉让人联想到歌德在沃利茨园中的游园经历，可称为另一形式的船上游园。沃利茨园是由德绍王子和建筑师冯·埃德曼斯多夫（von Erdmannsdorff，1736—1800）在萨克森建造的。在一封 1778 年 5 月 14 日的信件当中，诗人歌德向他的笔友斯坦男爵夫人描绘了游园的幸福之感。他在信中写道：“昨晚，当我们航行在水渠和湖泊上并驶进树丛中时，我不禁感叹上帝让王子在这里建造了如此梦境般的世界。在这里游览就像您在故事中听到的一样，它完全拥有香榭丽舍大街的特色。一切都体现在变化之中。这里没有出挑的事物，可以一下子抓住你的眼球，引起你的兴趣，我们在游览时也不会问‘从哪里走？到哪里去？’这样的问题。灌木丛中，花开正盛，一切都太迷人了。”歌德的描绘令人神往。

但理想的四季园林（奈良）不会如此令人浮想联翩，只能引起游览者的兴趣罢了，不管在哪个时代，游览者都会有一种完美的感受，这在《源氏物语》的《少女》一章中就有描写（图 13）：

图 13　繁花盛开的李树园中的源氏（局部）
安藤广重、歌川国贞，1849 年

在东南边，高高的丘陵上种植着大量春季开花的树木，池塘的景色有种神秘的魅力。建筑物旁的花坛里，人们寻找着所有能够在春天观赏的事物：落叶松、红色的李树、樱桃树、紫藤萝、黄麻还有岩石上的杜鹃花，如果不仔细看，我们都发现不了其实那里面还掺杂着秋天的花束。

在皇后居住的区域里，在那些亘古不移的山丘上，栽种了一些叶子呈鲜红色的树木，还挖掘了一条长长的小溪，将清澈的泉水引到这里，小溪上布满石块，发出阵阵声响，在前方，水流被一条瀑布切断。在这个季节，秋野上开满了各色各异的花朵。……

在东北边是一个清泉，人们在那里寻找夏日的清凉。旁边的花坛里种植着吴市的竹子，凉爽的微风在此拂过。高耸的树木形成了一片茂盛的树林，让人回想起一段惬意的山居生活。……

西北区域在北边被一道石墙隔断，在石墙后面有一些店铺。靠墙的地方种植着中国的竹子还有紧密排列的松树，人们可以在此欣赏雪景。那里还有长满菊花的栅栏，冬日清晨结霜时，菊花的颜色会显得更加鲜艳。那里还有雄伟的橡树林，以及一些深山当中的树木，很多我都叫不出名字，这些树被移栽在这里，成了一片茂密的树林。

不同于《源氏物语》这样引人入胜的文学作品中对池泉回游式庭院的极力描写，《作庭记》更倾向于讲述修建、整理花园的规则和方法。书的开篇就提出要“根据土地的形态”摆放石块，随后又补充为“依据池塘的形状摆放”。实际上这条规定本身源于一个颇具创意的传统做法，即融合“庭园主人的奇思妙想”和“风景园林设计师的固有想法”，这种做法在“精妙的古时设计风格”的基础上产生，建造时理应达到使漫步其间的人能够联想起著名景点的效果。“巧妙摆放石块的目的是让人行至此处时，脑海中马上浮现出不同城市著名景点的景象。让各处景点变得愈发有趣，并将它们的首要特性简化后重塑于花园中。”

即使橘俊纲在文中没有写明回游式园林的神秘功能，我们也能猜到日本古代时期的回游庭院具有一些宗教的用途。漫步于这样的园林中就好似走在朝圣的路上，与10世纪起修建的用于连接东京的33座及四国岛的 88 座神圣观音寺的环形小路相似。33 和 88 这两个数字可不是普通的数字，它们在日本人眼中具有神奇的意义。

如此，我们是否可以得出结论，《作庭记》中的观点认为日本古代景观设计师的工作只是简单地照搬自然？当然不是。除了已经提到的“简化”之外，他们还需要进行“回忆”和“象征”。例如，在“没有池塘也没有流水的地方”，就可以修建橘俊纲所说的“枯山水”[在室町时代（1336—1573）枯山水风格风靡之前]，枯山水的核心在于用石块堆建出一面是陡壁的假山，或是狭长的平原等。橘俊纲始终强调，相对于简单的模仿，园林设计大师拥有艺术优先权，换言之，文化的位置要高于自然。他表示：“有人说：‘被人们摆放出的石块造型不可能超越自然风光。’而当时我曾去很多城市游览，不止一次情不自禁地发出‘这里真美！’的感慨，却又在同一时刻发现景点周围了无生趣的事物。而人们自己在建造园林时，完全可以选择只创造有韵味的风景，很自然地舍弃没有魅力的景观。”

江户时代（1603—1867）的日本处于完全封闭的状态。但就在这个排外的时期，出乎意料地逐渐出现了道德风尚的世俗化以及资产阶级的兴起，一种特殊的“现代特色”艺术风格由此诞生，并延续到明治时代（1868—1912）。在这个封闭却又不断进步的时期，得益于回游式园林的大规模修建，城市和旅游业不断发展，园林内的建筑和景观设计也逐渐失去了之前与宗教相关的用途，只拥有单一的休闲娱乐职能，让人不禁联想起江户时代盛行的让人极为上瘾的双陆游戏——参与者在棋盘状的方格内，通过骰子点数，推动棋子前进。除此之外，空间的概念也被重新定义，根据尼特斯克（Günter Nitschke）的说法，“空间是来自自然的所有物质的融汇地”。由此，空间成为“风景和装饰的结合地”，无形中增强了景观的吸引力。这种吸引力表现为将需要表现的风景小型化，并留有一定的寓意，只在外表上与实际模仿的景观相像，颇具伪现实主义色彩。虽然其中一些设计与通过石块表现的阴阳符号，或与取材自神话传说和诗歌的虚拟景观有所关联。

现如今，熊本市的水前寺公园、东京的后乐园、高松的栗林公园等园林之所以让游人为之震撼，往往是由于其与先前园林相比更加广袤的面积。这些江户时代的大型园林由多位杰出的风景设计师设计建造，还附带有新形式的文学作品、名胜画册或是极具吸引力的景点向导（配有图画和简介评价，是现代旅行手册的前身）。从此，与枯山水的“极简主义”相差甚远的蔚为壮观的庭园逐渐成型。虽然这种庭园在构造上大规模使用直角的特征依然明显——寺庙和茶室的外观都像用角尺一一测量过——但庭园仍然拥有“自然”景观，如河流、池塘、长满青草的“山”、遍地的花朵、大树和小灌木。

在同一时期的西方，游园艺术则在两条不同的道路上发展：一条是像舒伯特、诺瓦利斯和弗里德里希的《流浪者幻想曲》，他们于乡村、山川、河流和树林间找寻浪漫主义的理想；另一条，则是像波德莱尔这样的“漫步者”，在城市这片“人类的共同荒漠”中寻找现代特色的短暂闪光。两条道路分别对应了两种不同园林：首先是乡村庄园，其本身又分为两个类别，即具有布瓦尔和佩居榭园林特点的观赏性农场，以及仿自然风景公园，设计建造在普鲁士边境的赫尔曼大公的穆斯考公园就是一个伟大的典范；再有便是城市公园，同样是基于仿自然风光的设计风格，但适合工业、商业、交通业发展后的新型经济环境和新式生活。

总之，西方旧时期此类园林艺术因其他各种原因时常调整和改变，以至于其价值长期被低估。

弗朗西斯·雅茨全心创作出“记忆之术”，讲解古希腊演说家依靠在脑海中的假想行走于记忆中创造的风景，从而背诵自己的演讲的一种技巧。而近期的研究，特别是马切洛·法吉欧洛（Marcello Fagiolo，1941—）的研究显示，从文艺复兴到巴洛克早期，大批园林的设计风格都符合“在记忆中行走的天堂”，留给游客一个颇具象征意味的游览环境，将园林建造成“百科全书式的综合场地、知识的剧场和世界的剧院”。依照浪漫主义和现代主义的观点，只有风景园林可以建造成回游式庭园的样子，这与勒·诺特设计的花园完全不同，他局限于用静态的方式展现自己的设计理念，但他的一些观点广为流传。就像他经常想的，甚至写下来的那样，凡尔赛宫的魅力只有站在阳台沿着拉朵娜池一直远眺至树林深处才能体会得到，壮丽的视野中有绿毯一样的草坪和河流。一些理论家声称要在这远景中，找到凡尔赛宫美景所表达出的专制暴君对权力的无穷欲望和无穷大的笛卡儿几何图像（虽然他们根本发现不了变形图像）。而且，即便这篇论文并非一无是处，其充其量也只是一个草率的研究成果，就像有人给狄德罗写信说拉莫的歌剧“非常难看”[这也是阿尔弗雷德·德·缪塞（Alfred de Musset，1810—1857）对凡尔赛宫的评价]，因为芭蕾舞蹈断断续续，而且演员也表现得过分拘谨，一点儿都不自然。

事实上，在巴洛克时期，游园艺术和园林艺术成为一种更为复杂的知识形态，不像法国伟大世纪时期，即古典主义时期旧教科书中讲述的那样简单。作为“贵族社会”中产生的一种艺术，游园是一种行走，很少的情况下是单独的，它随着游园者们的姿势和节奏成体系，每一个游园者都需要穿着奢华惊奇的服装。卡特琳娜·桑托（Catherine Szanto）写过一篇关于“游园是一种美学行为”的学术论文，并以凡尔赛宫为研究对象，她在文中指出，特别是在游览那些著名园林时，走马观花完全不能领略到园林的魅力。园林中的乐趣，既是感官上的乐趣，又是思想上的乐趣，产生于人们想去看美好事物的意愿以及对多变和秩序的双重渴望，前者体现在人们经常在意念中浮现一些精致的场景，后者体现在园林中画面不同的空间性以及瞬时和持续、同时和接续的时间性。后来，在对路易十四和玛德莲娜·德·斯居代里（Madeleine de Scudéry，1607—1701）的作品进行细致研究，以及对巴洛克时期游览凡尔赛宫的方式进行分析之后，桑托借助绘画以及对造型和节奏的基本原理的分析（由勒·诺特完成，还是在他的小树林中完成的），提出了她称为巴洛克园林“空间体验动力”的理论。总结一下就是，（关于凡尔赛宫）人们很长时间都只关注皇家的意愿，但这是否真的是唯一对园林的可能并有价值的解读呢？因为相对于这类歌功颂德的文章，在伟大世纪时期，还有另外一种文学，即备受路易·凡·德尔福（Louis Van Delft，1938—2016）推崇的伦理主义文学。这些简短的文章、论文和思想的文集，看起来没有关联性，但它们在人性条件下，提出了一种全新的理解游园、散步、闲逛的方式。自此诞生了很多邂逅、组织以及无穷无尽的新的关联，每个读者都可以按照自己的意愿自由组织。人们可以说勒·诺特在树丛里表现出的杂乱无章是巴洛克风格的残余，而巴洛克风格最终让位于古典和现代风格，那我们是不是也可以用另外的方式品读凡尔赛了呢？在接受其空间组织井然有序这一事实的同时，我们是否能把它视为由断续的园林碎片构成的一个超现代的园林呢？是否可以以完全开放的形式来欣赏这座园林，而且，对它的欣赏最终也将分散成无数的碎片呢？曾被众多大家所赞颂的凡尔赛宫，难道要淹没在那些无数不知名的描写中吗？

我们无法更好地讲述、欣赏游园艺术和巴洛克式园林的空间，但矛盾的是，这种空间在某些特征上带来了现代艺术，如翁贝托·艾柯（Umberto Eco，1932—2016）提到的“本杰明碎片美学”或“开放的作品美学”。我想在此介绍两个现代园林，它们由两种不同的现代游园艺术方式组成：一个是纽约斯塔滕岛上的弗莱士河公园，另一个是巴黎绿荫散步道。

由景观设计师雅克·韦热里（Jacques Vergely）和建筑师菲利普·马修（Philippe Mathieux）设计并建成的巴士广场站（樊尚公园附近）的绿荫步道完美地实现了几年前伯纳德·屈米在拉维莱特公园的大胆设想——基于德勒兹（Gilles Deleuze）在《运动 - 影像》（*L'Image-Mouvement*）中提出的拍电影和蒙太奇的理论原则，修建一条“运动的步道”。他们对一条废弃铁路进行改造，这条铁路以前从巴士底广场旧火车站通往斯特拉斯堡（巴士底广场旧火车站现已改为歌剧院，相较之前巨型废车库的样子好看了很多），轨道第一部分的砖红色拱桥已被建筑师帕特里克·博格（Patrick Berger）改造成了商店，后续部分被设计成一个类似于由连续电影镜头拼接而成的线条状花园。花园同时又拥有一定的整体性，因为设计师在其间摆放了各种设施和植物，如樱桃树和常绿灌木。这条步道实际上由一系列“封闭的花园”组成（树篱花园、白色花园、栅栏花园、玫瑰圆柱等），它与周围不期而遇的城市建筑交融对话。这边是喧闹的狄德罗大道，那边是几层楼高的建筑物，一会儿能看到外墙面，一会儿又能看到正面……总之，视差效应使得游览者不仅需要调动视觉，还需要结合声音、气味、物体进行欣赏。这种神奇的可感应碎片美学自然也受到了艺术家维吉尼·巴雷（Virginie Barré，1970—）的青睐。2005年10月1日至2日的白夜（la Nuit blanche）[①]，主题是“可笑地点”，由让·布莱斯（Jean Blaise，1951—）组织，维吉尼·巴雷在不眠夜大道上摆放了一个名为“破坏者”的建筑，该建筑的灵感来自希区柯克、库布里克、林奇等大师，当然还有杜佩洪的电影《相会的可笑地点》，电影中讲道：“脱离了柏油马路的游览者，会处于幻象与现实当中。这次‘自然’之行，涉及了一些人物、装饰碎片和附属品，然而他惊奇的是自己可能都无法让人看到。”

同样的碎片美学（该理论的主要提出者称自己是融合了“永久”和“事件”的奇特美景）还出现在纽约高线公园中，该作品由 Diller Scofidio + Renfro 建筑工作室和景观设计师詹姆斯·康纳（James Corner，1961—）完成，由一条废旧铁路线改建而成。这条长达 2.414 千米（1.5 英里）的步道依然留有深重的人为和建筑痕迹。康纳现如今正在创作一个“开放式的巨柱形作品”，计划建在高线公园附近。这个新作品会像中央公园一样成为纽约城和时代的标志。

美洲原住民以前把布鲁克林附近的一座小岛称作“Aquebonga Manackong”，意思是“闹鬼的树林”，在那儿的池塘都变成了充满泥浆的污水池。16 世纪时，被驱逐的白人和已被释放的奴隶在岛上安家。砖工们在黏土矿场挖凿砖块，这里逐渐变成了一个露天的垃圾堆放站。直到原先的泥水池就快变成垃圾场时，纽约市政厅才于 21 世纪在全国范

① 译注：巴黎一种艺术活动的称呼，始于 2002 年，于每年十月第一个周六的夜晚开始，从晚上 6 点持续到清晨 6 点。

围内发起了景观设计竞赛，最终由康纳和他的设计团队 Field Operations 夺取桂冠。传统意义上，公园一般都是景观的集合，而 Field Operations 的方案却与此相反，更像是一个环保、城市化、趣味和象征的集合。此方案（包含快速进入纽约的入口以及用世贸中心的瓦砾建造的“9·11”纪念馆）希望成为一个“进行中的作品”（work in progress，根据康纳的介绍，这不只是一个景观，还是一种生活）。

第一期工程名为“Moundscape”（mound 意为冈峦或者土丘），根据康纳的介绍，这一期工程的工作强度最低，重点在于发掘这一地点本身的美丽——这是一个开放的场地，人们可以从这里看到远处不同的景象，垃圾正在不停地被焚毁，城市的卫生站持续排放液体和气体，垃圾车在小丘上来来回回行驶。第二期工程名为“Fieldscape”（field 意为耕种的田地），小丘被彻底改造，园林设计师在那里种植花草、矮木和大树，换言之，大地开始出产。第三期工程名为“Openscape”，竣工之后，皮划艇运动员围绕着野生保护区进行比赛，保护区内居住着大批弗吉尼亚鹿，这是此前在斯塔滕岛上从来没有出现过的景象。末期工程名为“Eventscape”，生态复杂性提升，并设置越来越多基础设施，如餐馆等，加强人与人之间的协作。

同过去一样，如今的园艺设计和游园艺术依然紧密相连。日本的龙安寺或法国国家图书馆中的小枫丹白露宫森林 [由多米尼克·佩罗（Dominique Perrault，1953— ）设计] 等园林，不再让人们用来穿行，而是纯粹用于观赏。这些园林同罗斯科（Rothko，1903—1970）的画一样给人强烈的震撼，令人想要深入其中。借用卢梭的思想进行解释就是：这是当今时代孤独的游园者的沉思。

本章参考文献

[1] ARAGON, Louis, *Le Paysan de Paris*, partie "Le Sentiment de la nature aux Buttes-Chaumont", 1re éd. 1926, Gallimard, "Folio", Paris.

[2] BOITARD, Pierre, *Art de composer et décorer les jardins*, Paris,1837.

[3] FAGIOLO, Marcello, "Le Paradis de la mémoire : des jardins citadelles de Dante et Ligorio à la "cité du soleil de Versailles", in Monique Mosser et Philippe Nys (sous la dir. de), *Le Jardin, art et lieu de mémoire*, éditions de L'Imprimeur, Besancon,1995.

[4] LOUIS XIV, *Manière de montrer les jardins de Versailles*, préface de Raoul Girardet, Plon, Paris, 1951.

[5] MUSSET, Alfred de, "Sur trois marches de marbre rose", *Poésies complètes*, Le Livre de poche classique, Paris, 2006.

[6] NITSCHKE, Günter, *Le Jardin japonais*, Taschen, Cologne, 2003 (pour la traduction française).

[7] PÜCKLER MUSKAU, Hermann Henri, *Aperçus sur l'art du jardin paysager*, préface et traduction d'Eryck de Ribéry, Klincksieck, Paris, 1998.

[8] RUBINSTEIN, Dana, "Landscape as Palimpsest: The Designer of Fresh Kills speaks", *The New York Observer*, 28 novembre 2008.

[9] SCUDERY, Madeleine de, *La Promenade de Versailles*, Mercure de France, Paris, 1999.

[10] SHIKIBU Murasaki, *Le Dit du Genji*, traduction de René Sieffert, Presses orientalistes de France, Paris, 1999.

[11] SHOAF VINCENT, Amanda, *Parisian Landscapes: Public Parksand Art Urbain, 1977-1995*, thèse de doctorat (philosophie), The Pennsylvania State University (USA), mai 2010.

[12] SZANTO, Catherine, *Le Promeneur dans le jardin: de la promenade considérée comme acte estbétique. Regards sur les jardins de Versailles*, thèse de doctorat (tapuscrit), ENSA de Paris-La Villette et université Paris-VIII, Paris, 2009.

[13] TACHIBANA NO TOSHITSUNA, *De la création des jardins, traduction du Sakutei-ki*, texte présenté, traduit et annoté par Michel Vieillard-Baron et illustré par Sylvie Brosseau, Maison franco-japonaise, Tokyo, 1997.

[14] TSCHUMI, Bernard, *Cinégramme folie, le parc de La Villette*, Champ Vallon, Seyssel, 1987.

[15] VAN DELFT, Louis, *Les Moralistes. Une apologie*, Gallimard, Paris, 2008.

[16] YATES, Frances A., *L'Art de la mémoire*, Gallimard (traduction de Daniel Arasse), Paris, 1987 (édition originale anglaise, 1966).

后记

1995年夏天的肖蒙国际花园节，在参展的各色极具设计感的花园中，曾有许多参观者吃惊地驻足在一座花园的入口处。这座花园蜷缩在一块小空地上，地理位置着实偏僻，前方被一条长满高大山毛榉的林荫小道遮挡。由于场地有限，这座花园无法面朝卢瓦尔河和城堡，只能对着一条小柏油马路和一块用来作停车场的荒地，然而园内的景致显然从容地跳脱出前些年提出的所有关于“荒园”的概念。园中甚至连那种零星散布着几朵野花的草坪都没有，只有一座简单的土丘，周边环绕着一条圆形小径，小径边蔓草丛生。土丘顶上设置了一个座位，座位前是一架瞄准镜。

绝大部分参观者路过这座花园时不过耸耸肩：一座花园里的小丘难不成是用来看别处的？至于那些好奇地前来参观的人，大多数也只是不愿辜负自己付的钱：瞄准镜已经安装完毕并校准，还对所有人开放，那么无论是谁都可以坐在那里瞄准，怀着冒险精神看看镜中的片片景色。可以说园中景色尽管得到更精心的维护，但也和他们在入口处看到的野园子的漫画一样平庸无奇。

实际上，这件毫无吸引力的作品却别有意义。它不仅与大多数园林设计方面的概念一样发人深省，而且围绕这座花园，其中更包含了创造性。这座花园是由三位年轻的天才景观设计师马克·克拉拉蒙特（Marc Claramunt）、克里斯托弗·吉鲁特（Christophe Girot）和让-马克·朗东（Jean-Marc L'Anton）联合设计完成的，其目的在于引起世人对一个相悖危险的关注：这件造型艺术作品所代表的花园类型的回归，难道不是要掩盖一个比花园在“辉煌三十年”期间消失更大的灾难吗？或者换言之，这种由出生于两次世界大战之间的“现代一代”的后代们所营造展现的废墟艺术，它的再度涌现是否在掩盖景观和生态平衡的毁灭？这一毁灭是个人主义的发展和席卷全球的“不可承受”的城市化进程导致的。

后现代或超现代社会的个人主义已无法持续下去，这是一个社会学中反复锤炼的主题。这一切使我意识到或许可以在著名的美国邻避效应（Not in my backyard，指哪里都行，除了我家花园）中找到具体表现。相反，在一个个不断“前进”的社会中，持续蔓延的城市化现象即是一幅幅关于毁灭的未来图景。

事实上，尽管这一切对于我们现今所能认知的范围来说还相距甚远，但在这三位年轻的景观设计师看来，一些人打造的所谓“大都会化”的主要轮廓已然清晰可辨。许多城市极点都围绕着几个网络节点建立，这些网络或具象或抽象，然后持续延展；而农村，作为这些网络的延伸，则正在不断“城市郊区化”。与之对应的是，人们在城市里工作，却在带花园的房子里追求乡野生活的乐趣，但矛盾的是，这种乡野的乐趣却因丢失了自身寻求的田园牧歌环境而戛然而止。在这些越来越混乱的网格中，工业的、社会的（在一些大型封闭式聚居区存在穷人日益贫民窟化现象）或农业的荒废持续显现，土地、能源和水资源的浪费现象也不断蔓延，随之产生的后果便是温室气体的加倍排放以及生物多样性的倒退。至于古老的市中心，博物馆化和“贵族化”使其也不可避免地陷入停滞……和年轻人本想引起大家的关注相反，这种新型空间布局会在一些不太知名的“新区”出现，会出现如下景观：新兴城市也是由成片房屋、沥青材质的停车场、商业区或覆盖着广告的彩色“火柴盒”建筑群组成；在城中的基础设施中，地位最突出的无疑是交通环岛和高速立交桥；还有城中村、无主的荒园、古城区的步行街、侵占海滩和冬季运动场所的旅游景区，本为防止旧时景观遭受破坏而设立的自然公园也或多或少掺杂了民俗元素。所有这一切打造的“娱乐社会”都是卖弄异国情调和利用高端技术的广告图像，从而混淆了对土地以及对老房子的爱。

诚然，克拉拉蒙特、吉鲁特和朗东无法像一些生态学前辈一般预言到“景观之死”。他们三位明白，若太细腻则无法为这曲简化的间奏曲起音，若太现代则无法对过往投入深沉的爱意，这些“新区”是他们所拥有的潜在的景观承载者，他们有责任对此进行揭示、创新和改造。但他们也坚信，对现有景观的破坏将会减少，民众也会更有知情权，更可喜的是，他们未来的创新会取得更大的成功。这一切，皆从他们的“无园”开始。若说这座花园曾让肖蒙国际花园节上的绝大多数参观者非常震惊，那它也曾让一部分人为之深思。

是否能从这件争议性作品中得出，在当今世界，园林艺术将起到遮羞布的作用？或者是否要营造独立的或社区式的小型花园，使之成为全球美学和生态学沦丧的替代品？一部分景观设计师，持有这一观点，有在世的，也有过世的。而且，我们也可以从美国人麦克哈格（Ian McHarg）的昔日弟子及其本人的说法中找到证据。在麦克哈格所撰写的一部重要著作中，他就认为对于追求生态效益造成阻碍，并对二者表现出了公开的蔑视，甚至近乎厌恶。麦克哈格的主要观点是：作为当代景观设计师，面对着一个正在全面城市化的世界，故而必须长期扎根于地质学、土壤学和生态系统学层面的研究，而非放任自己建造“美化主义”的“海市蜃楼”。他提出了这个论点，并对所有土地种类都进行了举例说明（简而言之，就是从沙漠到城市），这些都被写入他的主要作品《设计结合自然》（*Design with Nature*）中。

这一观点包含了大部分真理，但恕我无法全盘接受。先不论对于人类的生存而言，对于农业而言，园林艺术亘古以来便是一个基本实验领域，其自勒·诺特的时代成为一门“自由艺术”，同时也成为一个属于城市、属于景观设计、同时也属于土地规划的实验场（图 14）。既然这个露天的实验场今时今日的作用更加凸显，那么先不谈它给这个正在变丑陋的世界带来的幸福和美丽，当今社会由于过度的消费和自然资源的污染已经产生了很多问题，而园林艺术恰恰为寻求这些问题的解决之道保留了探索空间……

图 14　赫内拉费利宫的柏树庭院仿造

让 – 克劳德 – 尼古拉斯　福雷斯蒂尔，收录于《花园：设计图手册》（*Jardin. Carnets de plans et dessins*），1920 年

那么上述论点在前文的章节中是否已有证据支撑了呢？植物学家兼诗人帕特里克·布朗克（Patrick Blanc）创造的“垂直花园”即将席卷全球。这一将艺术与科学紧密结合的创举，它的诞生就是当代园林艺术中“野生”和“规则”“自然”和“创造”的成功融合。这项技术经过长年累月的实验（在墙体的垂直隔板外铺上无纺布“灌溉层”，挂上盛满植物所需营养液的袋子，而植物的选择和搭配则取决于这位无法将其归类的艺术家的科学知识和审美品位），投入使用后的植物墙实际上已成为一项成熟的技术成果，可以进行精确操作，可以实现自然流程。但一旦进入运行状态，“自然”的地位便会凸显出来：植物的萌发是恣意的，由此便会产生一个具有极度自由的色彩、物质、质地、落差（既然有树木也有小灌木，便会出现如此结果）的效果。简而言之，布朗克的垂直墙体之于园林艺术便是杰克逊·波洛克（Jackson Pollock）的平面“滴画法”（dripping）[①]之于绘画艺术：因为支撑面的翻转造成视觉的迁移。由此可推知，若这两位艺术家的世界性成功在今日可等量齐观，那么帕特里克·布朗克身居抽象派表现主义大师的高位，他发明的垂直墙体易模仿、成功率高，为其大规模推广提供了机会。再者，这一创造性工程也结合了露台植物学，吸收了森林及城市农业的发展成果。此外，它还可以推动城市面貌的改变，为城市增添一分能触摸的额外绿意，加强了对温室气体的吸收。

由此得出，园林艺术，在其最彻底也是最前沿的革新中，实现“身心”的愉悦（这里不妨重提 2010 年肖蒙国际花园节的主题，本书作者曾有幸亲身参与）并非其唯一目的。园林艺术应当与景观艺术结合，共同构成中国俞孔坚提出的“生存的艺术”。

---

① 译注：滴画法是美国画家杰克逊　波洛克于 1947 年开始使用的绘画技法。作画方式为：把巨大的画布平铺于地面，用钻有小孔的盒、棒或者画笔把颜料滴溅在画布上。其创作不事先规划，作画没有固定位置，喜欢在画布四周随意走动，以反复的无意识的动作画成复杂难辨、线条错乱的网。此画法构图设计没有中心，结构无法辨识，具有鲜明的抽象表现主义特征。

译后记

自2016年开始准备翻译，时间已经过去了5年，中间经历了目前还在席卷全球的新冠肺炎疫情，我已经记不清楚是何时在法国与让·皮埃尔提起要翻译这本书的意向了。与他认识还是在2004年，我在巴黎拉维莱特建筑学院读园林地域景观（Jardins Territoires Paysages）DEA文凭，在那儿上课的情景仍历历在目。那时他是园林史课程的教师，他在课上会补充很多相关的社会政治背景知识，语言风趣、幽默。后来才知道他既是工程师、建筑师、历史学家，又是出版过小说的作家。

我在巴黎社会高等科学研究院攻读博士学位并在巴黎拉维莱特建筑学院兼任聘用讲师期间（2004—2010），让·皮埃尔是巴黎拉维莱特建筑学院的院长，同时还是园林地域景观，现称为建筑风土景观（AMP, Architectures, Milieux, Paysages）研究中心的主任。他促进了很多与中国高校及科研机构的合作，尤其是与天津大学建筑学院的合作，也推动了中法两国风景园林以及文化遗产领域的合作。

园林地域景观研究中心位于巴黎19区的让·饶勒斯大道，我和让·皮埃尔经常一块儿在研究中心工作、见面交流，很多场景回想起来就像在昨天，虽然已经过去了十多年，但距离研究中心不远的超市以及面包店、咖啡馆里的味道似乎还能回忆起来。我至今还担任该中心的研究员，尽管之前的很多同事都已经离开，去了其他学校或者回各自的国家工作了，只能偶尔在各种会议的名单里见到他们的名字。

经过这么长时间，这本书的译稿终于可以交付出版社。目前国内各专业领域很少有人愿意翻译国外的理论著作，在进行学科评估、职称晋升等需要填写各种表格时，这类著作基本都被作为忽略不计的部分，更不用提获得经费支持了。在此感谢翻译团队的付出，尤其感谢天津凤凰空间文化传媒有限公司，是大家共同的努力使得此书能够付梓。

本书围绕与园林相关的几个主题展开讨论，均是基于作者数十年深厚的园林历史理论研究，很多内容与观点为深入了解西方园林历史与理论提供一个深刻且全新的角度。例如，有关自然风景式园林在欧洲的出现，哈哈墙设计手法是源于英国还是法国，抑或是受中国的影响，法国古典园林是建筑设计统领景观园林设计还是景观园林设计影响建筑设计等。受限于翻译水平，不能全部准确表达作者原意，部分文字因各种原因不得不做了删减，欢迎大家批评指正。

谨以此书，表达与让·皮埃尔的友谊和对他的祝福，并将此书献给他的女儿、我的朋友伊琳娜。

张春彦

2022 年 12 月于天津大学建筑学院 310 室